JN034100

ことばの式でわかる
統計的方法の極意

竹士 伊知郎 著

日科技連

まえがき

「数式も記号もよくわからないし！　できれば数学っぽいことは勘弁してほしい．でも，近ごろ話題の統計には興味がある！」そんなあなたに「ことばの式」によって「統計の極意」を授けます！

筆者は，社会人や大学生などを相手に統計的方法に関する講義や指導を行ってきました．そこで気づいた「統計の極意」のようなものを多くの皆さんに伝授したいと考えて，本書を執筆しました．

2018 年に『学びたい 知っておきたい 統計的方法』(日科技連出版社)を上梓しました．同書は大学や社会人向けのセミナーのテキストとしても，多くの場で使っていただいています．本書は，同書のいわば姉妹編として，もっと「そもそもの始まり」から話を起こしました．

統計の講義や指導をしていると，「そもそも何をしているのですか？」，「なぜそうするのですか？」，「何の役に立つのですか？」，「何のためにするのですか？」といった，What や Why に関する素朴な質問を数多くいただきます．しかし，統計に関する多くの書籍は，特に初心者が抱く素朴な疑問についてていねいに説明していません．ほとんどが，「こうすればよい」，「このようにやりなさい」という How に重点が置かれているといっても過言ではありません．

そこで本書は，思い切って What と Why に絞って書くことにしました．How に関することは多くの良書がありますのでそちらを見ていただくとよいし，難しく面倒くさい計算の多くもパソコンの統計ソフトに任せることも可能だからです．What や Why をきちんと理解していれば，パソコンの統計ソフトにデータやその他の条件を適切にインプット(入力）できますし，アウトプット（結果）された数字の解釈に戸惑うこともありません．

本書には，ギリシャ文字やアルファベットを使った数式や数学記号というものがほとんど出てきません．その代わりに，「平均値」や「偏差」といった「ことばをそのまま使った数式」（といっても，四則演算，程度）である「ことばの式」を使います．

それは，次の2つの理由からです．1つは，α，μ，σ，S，V，Σなどの記号が出てきたとたんに，数学アレルギーとでもいうべき症状を発症して，その後の学習がほとんど身につかない方が一定数おられるからです．

もう1つは，そのような記号などを使って本を書いたり講義をしたりする側は大変便利なのですが，本の読者や，講義の受講者の一部には，「Sって何でしたっけ？」，「σの意味をもう一度説明してほしい」，「Σは，どんな式でしたか？」など，話が複雑になってくると，少し前のことを忘れてしまう方が多いからです．

その点，日本語での表記を使った「ことばの式」は，何といっても漢字という表意文字を使っているので，数学アレルギーは出ず，意味もわかるし思い出せるという利点があるだろうと考えました．

本書は，今さら聞けないことがすべて書いてある，知っていたらかっこいい，そして統計の専門家への道を示すために書いた本です．統計の勉強を本格的に始める前に，ぜひ手に取ってほしいと思っております．

本書を読み終えたあなたは，統計学を少し学んだ方よりも，きっと「統計的方法」のことに詳しくなっています．それは，明日から統計を使って仕事ができるということではありません．統計の本質や中身を理解して，きちんとした統計ができる素地や基礎が完璧にできたことを意味します．したがって，いい加減なデータに惑わされることもありませんし，自信をもって報告書を作成することができます．人に統計について説明することもできます.

さらに,「品質管理検定(QC検定)」の受検をお考えの方にも，最適な参考書の1つです．QC検定は2005年に始まり，現在，品質管理に関する知識を客観的に評価するものとしてに広く定着し，1級から4級までの級が設定されています．しかし,「3級まではなんとか合格したが2級はかなり難しい」という「2級の壁」があるといわれているのも事実です．これは2級からは,「統計的方法」に関する相当の知識が求められることによります．合格のためには，統計的方法の真の意味を体系的に学習することが不可欠です.そういう意味で,本書は2級合格をめざす方々にも最適な書です.

またもう一つ，高校の数学で必修となる一連の統計学の参考書としても活用が期待されます.

面倒な手順や計算はパソコンと統計ソフトを使えばいいのです．でも本書を読んだあなたは，何も知らずに統計ソフトを使って結果だけをうのみにするような「自称専門家」では，もはやないのです.

さあ,「ことばの式」で「統計的方法の極意」を知って，本物の統計の専門家への道を踏み出しましょう.

本書の出版にあたっては，日科技連出版社の戸羽節文社長，鈴木兄宏部長，石田新係長に一方ならずお世話になりました．この場を借りて心より感謝申し上げます.

2022年3月

竹士　伊知郎

本書の読み方

本書は，以下の項目を順に説明します．できれば初めから順に読み進めてください．完走ならぬ完読を期待します．

0．初めのはじめ
1．知りたいことをデータの集まりすなわち母集団と考えよう
2．知りたいことを知るために統計が必須であると知ろう
3．母集団のばらつきと平均について知ろう
4．母集団全体の姿である分布について知ろう（正規分布）
5．正規分布と確率について知ろう
6．母集団を推測するためのサンプリングの目的とその重要性を知ろう
7．サンプルから統計量を求めよう
8．サンプルの情報から母集団に関する結論を出そう（推定と検定の基本）
9．1つの母集団，2つの母集団の母平均，母分散に関する結論を出そう
10．時間によって変わる母平均に関する結論を出そう
11．原因となるものの効果によって変わる母平均に関する結論を出そう
12．対応する2つの母集団の関係に関する結論を出そう
13．原因を連続的に動かしたことによる母平均の変化に関する結論を出そう

目　次

序　章
初めのはじめ

まず，初めに本書で使う言葉で表した式を示しておきます．いずれも中学校の数学レベルです．

(1) 平均値

表1のような5つのデータがあるとします．このデータの平均値を求めます．

表1　データ

番号	データ
1	13
2	14
3	12
4	15
5	11
合計	65
平均値	13

平均値は，データをすべて合計してデータの数で割って求めます．

平均値＝(データの合計)/(データの数)

＝(13＋14＋12＋15＋11)/5＝65/5＝13

となります．「/(スラッシュ)」の記号は割り算を表します．65/5＝13のように，分数や比の形で割り算を表すこともあります．

平均値は統計にとって非常に重要な役割を果たします．平均値の平均値やそのまた平均値という風にも使います．

(2) 偏差

偏差とは，各データと平均値の差のことです．

偏差＝(各データ)－(平均値)

(1)項で求めた平均値を使うと，次の表2のようになります．

表2　データと偏差

番号	データ	偏差
1	13	13−13=0
2	14	14−13=1
3	12	12−13=−1
4	15	15−13=2
5	11	11−13=−2
合計	65	0
平均値	13	0

ここで，偏差の合計が0になることに注意してください．これは偶然ではありません．実は，偏差の合計は常に0になります．

偏差はこれから，しばしば登場します．次の(3)項で示すように偏差を二乗したり，偏差と偏差を掛け合わせたりします．掛け合わせたものを積といいます．

(3)　二乗

二乗とは，同じ数を2回掛け合わせることで，平方ともいいます．

二乗を表す記号として，$(\bigcirc)^2$ を使います．偏差の二乗($(\text{偏差})^2$)はよ

表3　偏差の二乗

番号	データ	偏差	$(\text{偏差})^2$
1	13	13−13=0	0
2	14	14−13=1	1
3	12	12−13=−1	1
4	15	15−13=2	4
5	11	11−13=−2	4
合計	65	0	10
平均値	13	0	2

く使います．表3のように，二乗すれば元の数の正負(プラスかマイナスかということ)にかかわらず正の値になることに注意してください．

(4) 平方根

平方根とは，二乗(平方)すると元の数に等しくなる数です．例えば，2を二乗すると4になるので，4の平方根は2ということになります．ただし，−2も4の平方根になりますので，4の平方根は2と−2の2つです．統計では，一般に正の平方根のみを扱います．

なお，平方根を表す記号として，$\sqrt{\ }$(ルート)を使って，

$$\sqrt{4}=2,\ -2$$

と表します．

(5) 範囲

1組のデータの中で，最大値から最小値を引いた値のことです．例の5つのデータの中の最大値は15で，最小値は11ですので，

範囲＝(データの中の最大値)−(データの中の最小値)＝15−11＝4

となります．

以上の数学的素養(？)があれば，本書の内容を理解するのには十分です．他に使う計算は，合計や加減乗除だけです．安心して，読み進めましょう．

(6) 本書での「ことばの式」

本書ではアルファベットやギリシャ文字の記号，記号を使った数式は基本的に使いません．

それに代わって，多くの読者が理解しやすいように，ことばを使った式，すなわち「ことばの式」を使います．これらは，例えば，

(偏差)^2 の合計＝偏差平方和

であれば，

偏差→**偏差**

偏差平方和→**偏差平方和**

のようにフォントの違いで区別ができるようにしてあります．

また，後述する母数と統計量も，

母平均　と　**平均値**

のように，アミカケの有無で区別しています．

第1章

知りたいことを
データの集まり
すなわち母集団と考えよう

「統計って難しい！」,「そんなの私の人生に関係ない！」とおっしゃる皆さん．まず考えてみましょう．われわれの住む社会は，ばらつきがあります．すべてのことはばらついているといってもいいでしょう．そうです．われわれの住む世界は混沌としているのです．知りたいこともばらついているのです．このようなばらつきのある世界で生きている私たちは，どうしたらいいのでしょうか？

そこで，統計です．「ばらつきあるところ統計あり」です．私たちが知りたいことは集まったデータの１つひとつでしょうか？　多くの場合そうではありません．統計では，混沌としたものをデータの集まりと考えます．このデータの集まりの全体としての性質のようなものが知りたい場合がほとんどです．

このデータの集まりのことを統計では母集団といいます．これは覚えておいてください．

身近な母集団の例をあげましょう．

① 世論調査：政治に対する意見のばらつき

K 内閣を支持しますか，しませんか．先月は 51% の支持率でしたが，今月の調査では 45% まで低下していますなど．このとき，支持するか支持しないかの人々(有権者)の意見が母集団です．

知りたいことは，「有権者がどれくらい K 内閣の施政方針を指示しているのか？」ということになります．与党にとっては，政策の見直し，内閣改造，場合によっては衆議院解散などを判断する重要な情報でしょう．

② バスの到着時間：時間のばらつき

朝に乗るバスの時刻表では，7：10 出発になっていますが，日によって 7：15 に来ることもあります．このとき，バスの出発時刻が母集団です．

知りたいことは,「バスが時刻表の定刻に対してどれくらい遅れることがあるのか？　またそれはどれくらいの割合で起こるのか？」でしょうか．10 分以上遅れるようなことになると，仕事に遅刻してしまう可能性があるので，1 本早いバスに乗るなどの対策も考えなくてはなりませんね．

③　卵焼きの味：味のばらつき

いつも卵を 3 個使って，だしも調味料も同じ分量入れているはずなのですが，今日の卵焼きはいつもと違う味がします．このときは，卵焼きの味が母集団です．

知りたいことは,「いつもおいしい卵焼きをつくるにはどうしたらいいの？」でしょうか．卵の大きさもばらついているので，卵の重量に応じて調味料の量を調整することも必要かもしれませんね．

④　メロンパンの重さ：重さのばらつき

P 店ではメロンパンが名物で毎日 100 個も焼いています．その重さを量ってみると，121g，123g，124g，125g，120g とばらばらです．このとき，メロンパンの重さが母集団です．

知りたいことは,「ねらいの重量に対して，ねらったとおりの重さのパンを作れているのか？　ねらいより軽いものや重いものはどれくらいあるのか？」でしょうか.「昨日買ったメロンパンはいつもより軽かった！」とお客様からクレームが来ると嫌ですね．

⑤　自動車部品の寸法：長さのばらつき

Q 部品の長さは，115mm と決められていますが，倉庫に保管された部品の長さを測ってみると，114.98mm，115.01mm，114.99mm，114.97mm，115.02mm，115.00mm，115.03mm とばらばらです．このとき，部品の長さが母集団です．

知りたいことは,「Q 部品の長さの平均はどのくらいか？　それは 115mm に比べて同じなのか異なるのか？　お客様が 115mm に対して ±0.05mm の範囲で収めてほしいと言っているならその範囲に生産した部品の長さは入っているのか？」などでしょうか．お客様の要望から外れているものは除かないといけませんし，ばらつきを小さくするためにはどうするかも考えないといけませんね．

ついでに先走りますが，重要なこれから何度も出てくることなので，ここで「母集団」や「母数」について書いておきます．

1）母集団などデータの集団は均一ではないので，ばらついています．このばらついている姿・形を「**分布**」といいます．

2）集団には小さな値から大きな値まで含まれていますが，多くのデータは真ん中あたりに集まります．したがって，集団の中心，すなわち分布の平均値が重要になってきます．この母集団の分布の中心を「**母平均**」といいます．

3）データの拡がり具合も気になります．真ん中付近にたくさん集まっているのか, あるいは真ん中から離れたものもあるのか などです．この集団の拡がり具合あるいはばらつきを「**分散**」や「**標準偏差**」といい，これも重要です．母集団の分布の分散を「**母分散**」，母集団の分布の標準偏差を「**母標準偏差**」といいます．

4）「母平均」や「母分散」など母集団の特徴を表す数のことを「**母数**」といいます．

第２章
知りたいことを知るために統計が必須であると知ろう

では，ばらつきのある世界でどうして統計が必要なのかを考えましょう．もし「統計一切不要」の世界があるとすれば，そこには2つの条件があり，いずれかが成立すれば統計は不要ということになります．それは，

① いつもすべて同じ

② 全部を同時に，一瞬で調べられる

です．この条件はかなり厳格なもので，例えば，「あなたの工場で，将来にわたって寸分違わぬ製品をつくり続けられること」，または「瞬時にすべての製品のすべての特性が同時に観察・測定ができる」といったことです．

話題のビッグデータを使えば，近い将来少なくとも②はできるのではとお考えかもしれませんが，ビッグといっても実はすべてではありません．しかも「すべての特性値を同時に」は不可能です．

ましてや，①が現実的でないことはいうまでありません．例えるなら，すべてのテストで全員が常に100点をとるということです．こうなれば確かに偏差値は不要ですが…，そうはいきませんよね．このように，どちらの条件も，まず不可能です．

AIによる自動化された設備によって，調味料はもちろんのこと，農作物や食肉，魚介類に至るまで「工場」で生産される世界が将来実現するかもしれません．そうなると世界中，いつでも，同じ栄養，同じ味の料理を食べることができそうです．そんな世界は理想でしょうか？　私はご免こうむりたいです．

一方，「今晩はフレンチにしよう．あそこの店にしようかな，でもシェフが変わって味が落ちたとの評判もあるな．ならば，旬の味が楽しめる和食の店で．「なごりの鱧」はまだ味わえるかな」などなど．

楽しみやよろこびとなったりするばらつきもあるのです．ばらつきには，なくしていくべきばらつきと，人間にとって必要で，ばらついてい

ることに大きな意味がある場合もあるのです．近年話題の「多様性」という言葉もあります．皆さん，「ばらつき」の意味と意義を考えてみてください．

重要なのは，ばらつきの性質と，そのばらつきが生まれている理由や原因を考え，知ることです．そのためには，統計の素養が必要なのです．統計によって，母集団を知れば，ばらついている世界から真実に近づくことができます．他の人が唱える真実らしきものの嘘を見抜くこともできるのです．

第３章
母集団のばらつきと平均について知ろう

3.1 ばらつきについて知ろう

「ばらつきあるところ統計あり」と申しました．しかし，「平均はわかるがばらつきはよくわからない」という方も多いのではないかと思います．よくわからないものは，知る必要がありそうです．では，「ばらつきを測って」みましょう．

まず，数値で表されるデータが複数個あるとします．A 高校の男子新入生の身長(cm)でもよいですし，B 工場で生産された部品の長さ(mm)でも結構です．

それぞれのデータが異なる値(同じ値がある場合もあります)であるわけですので，基準を決めます．ここは，中心の値である平均値を考えます．この平均値と各データの差が偏差です．

(各データ)－(平均値)＝偏差

A 高校の男子新入生の身長の平均値が仮に 170cm であるとしましょうか．168cm の人の偏差は 168－170＝－2 であり，172cm の人の偏差は 172－170＝2 となります．

偏差はデータの数だけあるので，この平均値を計算すれば「ばらつきを測る」ことができそうです．ところが，ここで困った問題があって，平均値は，(合計)を(データの数)で割ったものですが，そもそも偏差の合計は常に 0 になるのです．「えーっ？」と思った方は，**序章の(2)項**の「偏差」の表を見て，偏差の合計欄が 0 になっていることを確かめてください．

これは当然の話で，平均値は真ん中の値ですから，平均値より大きいデータが半分，平均値より小さいデータが半分あると考えられます．平均値より大きいデータの偏差は正の値，平均値より小さいデータの偏差は負の値になるので，合計すれば 0 になってしまうのです．

今，知りたいのはばらつき具合ですので，正の値でも負の値でも，平均値からどれだけ離れているかを測ることができればよいのです．ここで偏差の値をすべて0または正の値とすることを考えます．ある値と0までの距離のことである絶対値も考えられますが，絶対値は，偏差の正負によって場合分けする必要があったり，数学的な扱いもやっかいなのであまり使いません．代わりに二乗することを考えます．すなわち，偏差の二乗です．こうすれば，例えば平均値170に対して172は偏差が2ですが偏差の二乗は4，一方168は偏差が-2ですが偏差の二乗は4というように計算でき，172も168も平均値170からの離れ具合が同じということがわかります(表3.1)．

この(偏差)^{2}をデータの個数分すべて合計すれば，ばらつきを測ることができそうです．この値は「偏差平方和」といい，ばらつきの指標になります．

(偏差)^{2}の合計＝偏差平方和

偏差平方和はばらつきの指標ではありますが，上の式からわかるように，データの数が大きくなればそれにしたがって大きくなってしまうという性質があります．この問題を解決するには，偏差平方和をデータの数で割って平均を求めて使えばよいのです．これを「分散」といいます．分散は統計において，広く用いられるばらつきの指標です．

(偏差)^{2}の平均＝分散

これで「ばらつきを測る」ことは解決したようですが，まだ問題があ

表3.1　偏差と偏差の二乗

	データ①	データ②
データの値	168	172
平均値	170	170
偏差	−2	2
(偏差)^2	4	4

ります．偏差平方和や分散は元のデータを二乗したものになっているのです．これは例えば元のデータの単位が mm であった場合，偏差平方和や分散の単位が mm^2 になってしまっているということです. mm は長さの単位で mm^2 は面積の単位です．「110mm と 120mm^2 を比べてどちらが大きいですか？」とか，「110mm と 120mm^2 を足すといくつですか？と」いった問いに意味がないように，単位が異なるもの同士は比べることができないのです．これではばらつきを平均値や個々のデータと比べたい場合，分散は不都合ということになります．

そこで，分散の平方根をとった「標準偏差」を考えます．

$\sqrt{(分散)}$＝標準偏差

となります．これで単位のことを考えずに，ばらつきを平均値や個々のデータと比較したり，平均値と標準偏差を足したりできるようになりました．

「二乗したものの平方根をとる」という，一見ムダなことをしているようですが，この手順を踏んで求めた標準偏差は，分散とともに「ばらつきを測る」ための王道となります．

3.2　平均について知ろう

次に，中心の測り方について考えましょう．最もよく使われるのが平均値です．平均値は，データすべての合計をデータの数で割れば求めることができます．

(データの合計)/(データの数)＝平均値

簡単ですが，統計では非常に重要なものでデータの集団の中心を示すものです．統計は，中心とばらつきを知ることから始まるのですから，重要ですね．統計では，平均値をしばしば「期待値」と呼びます．同じ意味です．

期待値というと，「今年のメジャーリーグ！　O 選手は，ますます期待値が上昇していますね！」などの表現があるように「期待」の部分が強調された「将来の望ましい状態」として使われているのをよく見ます．でも，統計の世界では単なる平均値のことなのです．

例をあげましょう．宝くじは１等賞金が数億円にのぼるものもあります．でも，１枚買っただけでは，なかなか１等は当たりそうにもありません．たくさん買えば高額の賞金が当たる可能性が増えそうです．「もっとお小遣いがあれば売場のくじをすべて買い占めるのになあ」と，できもしないことを妄想した方もいるかもしれません．

ここで，もし大金持ちの人がいて，販売されている宝くじを全部買ったとしましょう．もらえる賞金も莫大でしょうが，購入費用も当然莫大で，どうなるか心配です．果たして，大金持ちはさらに大儲けするのでしょうか？　それとも？

結論を言いますと，大金持ちは間違いなく大損します．宝くじの賞金総額は法律で制限されており，宝くじの販売額の45%程度なのです．すなわち，宝くじ１枚が300円としますと，１枚当たりの平均賞金額は130円から140円ほどしかありません．これは，宝くじ１枚当たりの賞金の平均値ということができます．別の言い方をすれば，300円の宝くじを買って期待できる賞金額が130円から140円ということですから，これを期待値というわけです．期待させてごめんなさい，ですね．平均値＝期待値です．

少し「宝くじ側」の弁護をするならば，宝くじを買った人だけに数億円の賞金を獲得できる可能性が生じることは事実ですし，少額の賞金でも何か得したような気持ちになる人が多いのもまた事実でしょう．大きな夢と小さな幸せをひそかに「期待」して，お小遣いを「寄付」してみるのも悪くはありませんね．

話を元に戻すと，中心を表すものに，中央値というものもあります．データを大きさの順に並べたときに真ん中にあるデータが「中央値（メディアン)」です．また，データの中で最も頻繁に出てくる値を「最頻値(モード)」といいます．これらも，データの中心を表す指標です．

第 4 章
母集団全体の姿である分布について知ろう

4.1 正規分布

私たちの知りたいことをデータの集まりとしてそれを母集団と呼ぶと学びました.「忘れてしまった」という方は,**第1章**をご覧ください.では,母集団はどんな性質や特徴をもっているのでしょうか?

母集団はばらついています.しかし,多くの母集団では真ん中付近にデータがたくさんある一方で,真ん中から離れるとデータが少なくなります.また,左右対称で真ん中から大きくても小さくても,真ん中から

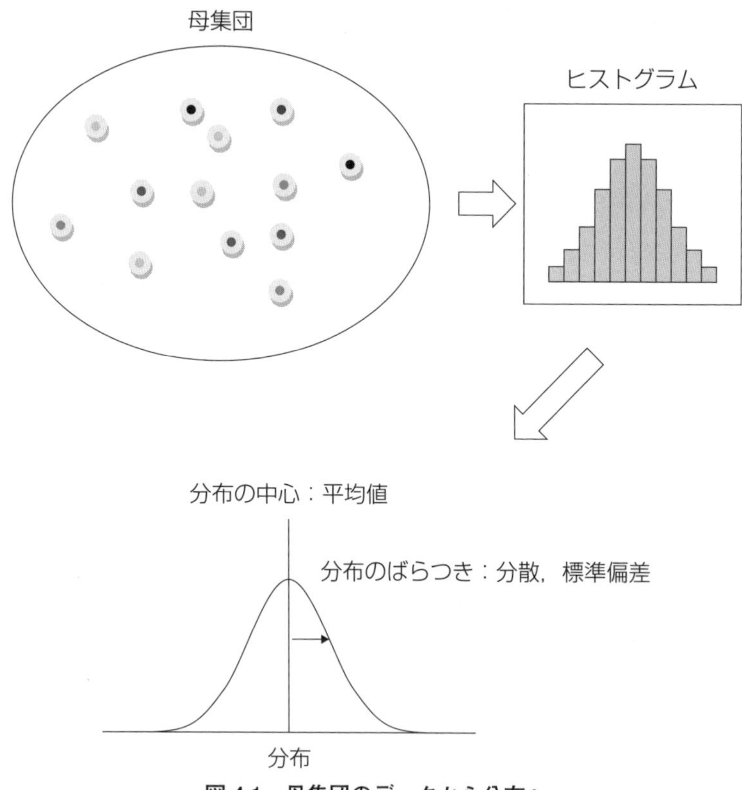

図 4.1 母集団のデータから分布へ

離れるほど少なくなります．このような母集団の全体の形はヒストグラムというグラフを描けばある程度推測することができます．**図 4.1** はこれらの一連のイメージ図です．

現実的には不可能ですが，無限個のサンプルをとって得られたデータを使ってヒストグラムを描けば，凹凸のない滑らかな形の山状の図ができると想像できます．

このようなデータ全体の姿を分布といいます．その代表的なものが正規分布といわれる分布で，一山で左右対称の富士山のような形をしています．

さらに，正規分布は，中心の位置を表す平均値と，ばらつきの大きさを表す分散(標準偏差)の 2 つが決まれば分布の形が決まる，という性質があります．

以降の章では，分布を扱っていくことになります．何度も繰り返しますように平均値で中心の位置を知り，分散と標準偏差でばらつきを測ることが重要なのです．

第5章
正規分布と
確率について知ろう

5.1 分布と確率の関係

正規分布の話に入る前に，確率について，分布とからめて少し触れておきましょう．

統計の話には確率がつきものです．確率というと，「2つの正6面体のサイコロを振ったときに出た目の合計が6になる確率は？」とか，「じゃんけんで10回連続して勝つ確率は？」とか，「黒い玉と白い玉が9：1の割合で入っている大きな袋から20個の玉を取り出したときに白い玉が3個以上含まれている確率は？」など，「そんなことを知って何の役に立つの？」というような「確率の計算」に遭遇して，確率，ひいては統計が嫌になったという方もおられるかもしれません．

本書では，このような「ある事象が起こる確からしさ」といった意味での確率は一切出てきません．少し乱暴ですが，「確率は分布全体の中の一部分の割合」という意味合いで出てきます．詳しくはこの後で説明していきますが，まずはこれで理解してください．

「分布」と「確率」には，以下の重要な約束があります．

① 分布の形にはいろいろあります．後から出てくる正規分布や t 分布は左右対称の一山型ですが，カイ二乗分布や F 分布など左右非対称の形もあります．

② いずれの分布も分布全体の確率は1(100%)です．

③ 分布の横軸の値を指定して囲まれる部分の全体に対する割合が確率です．

例で示します．**図5.1～図5.5**は，全国の高校2年生男子の身長の分布例を示しています．これらの図でいうと，中心である170cm近くには多くのデータが集まりますが，中心から離れるとデータが少なくなり，180cm以上の割合は5%しかありません．

これを別の言い方をすれば，「高校2年生男子の身長が180cm以上である確率は0.05(5%)である」ということになります.

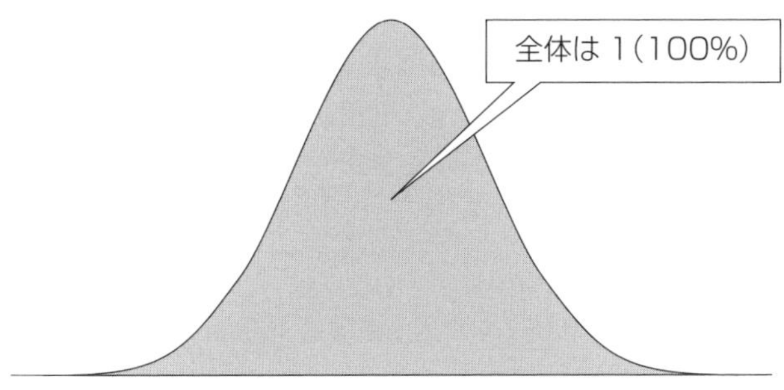

図 5.1　全国の高校２年生男子の身長の分布の全体

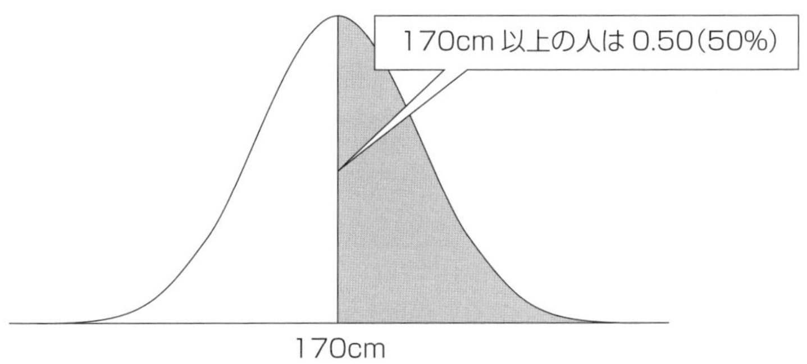

図 5.2　全国の高校２年生男子が身長 170cm 以上である確率

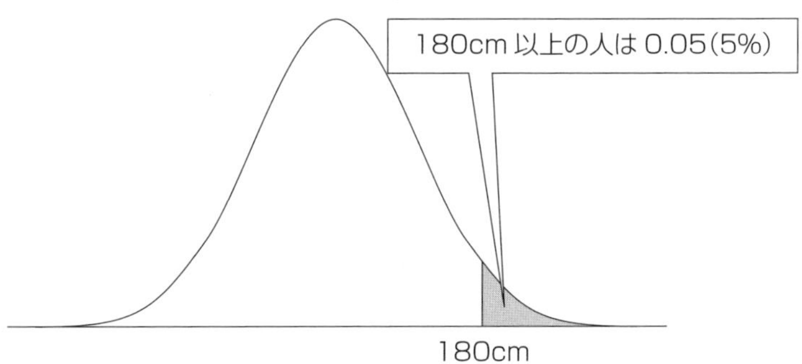

図 5.3　全国の高校２年生男子が身長 180cm 以上である確率

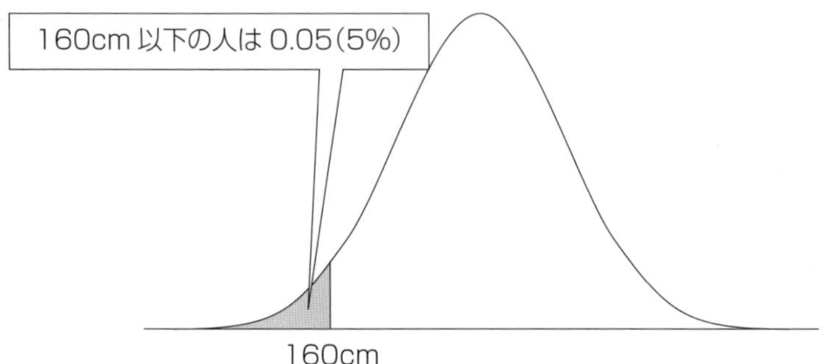

図 5.4　全国の高校 2 年生男子が身長 160cm 以下である確率

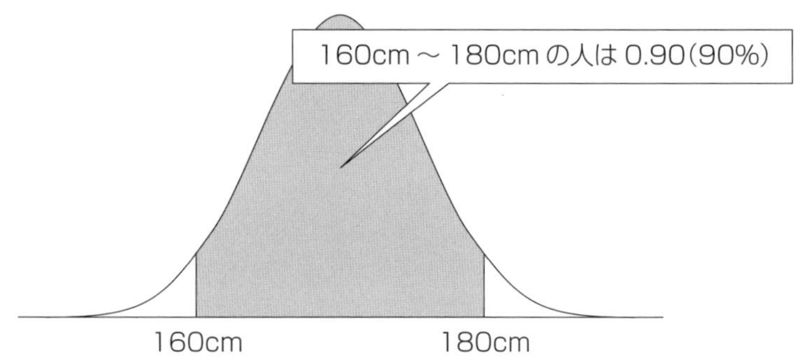

図 5.5　全国の高校 2 年生男子が身長 160cm～180cm である確率

5.2　正規分布と確率

平均は中心を示し，標準偏差はばらつき具合を示す尺度でした．この平均と標準偏差を使えば，割合(確率)の計算ができます．

正規分布には，平均の近くにはたくさん集まりますが，平均から離れれば離れるほど少なくなっていく，という性質があります．しかも左右対称です．

この「平均からどれだけ離れているか」という尺度として，標準偏差を用います．

図 5.6 に示すように，**平均±1×標準偏差**の範囲には 68.3% が入りますが，**平均±3×標準偏差**の範囲になると 99.7% とほとんどが入ってしまうことになります．全部で 100%（つまり 1）ですので，**平均＋2×標準偏差**の値以上の確率は 2.3% ということもわかります．また逆に確率から値を求めることもできます．

この性質を使っているのが，試験でおなじみの偏差値です．偏差値は，試験のたびに異なる平均を 50，標準偏差を 10 に置き替えて計算するものです．すなわち偏差値 60 の人は，母平均から母標準偏差 1 つ分離れているということですから，1,000 人いれば上位 150～160 番目の成績ということになります．

このように正規分布では，平均と標準偏差がわかれば，正規分布に従う値とその値以上や以下の確率を求めることができます．具体的には数

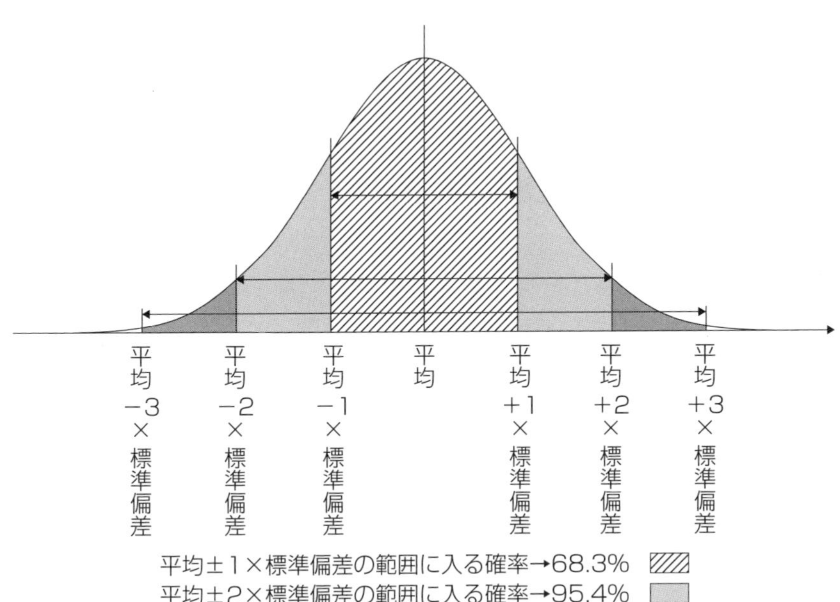

図 5.6　正規分布の確率

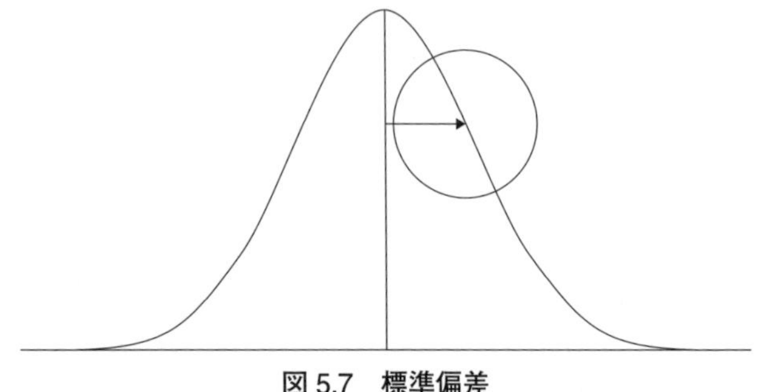

図 5.7　標準偏差

値表から求める他，パソコンで容易に求めることもできます．

ところで，標準偏差の話をすると，よく「正規分布の図でいうとどの部分の寸法(というのも変ですが)にあたるのですか？」という質問を受けることがあります．このことについて，少し触れておきます．

正規分布の山は，**図 5.7** のような形をしているのですが，○で囲った部分をよく見ると，一見直線のように見えますが中心線に近いほうは上に凸，中心線から離れたほうは下に凸の曲線であることがわかります．この，上に凸から下に凸に変わる点(数学的には変曲点といいます)と中心線までの距離(図の→の長さ)が標準偏差の大きさにあたります．正規分布は左右対称なので，中心の左側も同様です．

こんなことは知っていると多少自慢はできますが，そんなことより「平均から標準偏差でいくつ分離れた部分の確率」を知っておくほうがよほど役に立ちます．

5.3　標準正規分布

正規分布の確率については，**5.2 節**で示したとおりなのですが，簡便に手計算でも正規分布とその確率の関係を求める方法があります．それは標準正規分布を使った方法です．

正規分布は，平均と分散(標準偏差)によって 1 つに決まりますが，その組合せは無限にあります．しかし，都度平均と標準偏差からその確率を求めるのは面倒です．そこで，下記の式によってあらゆる正規分布を標準化します．

$$\text{標準正規分布に従うデータ} = \frac{(\text{対象とする母集団のデータ}) - (\text{母集団の母平均})}{(\text{母集団の母標準偏差})}$$

標準化された正規分布の平均は0, 標準偏差は1(分散は1^2)になります．これが標準正規分布です．当然ですが1つしかありませんので，この標準正規分布の確率がすでに求められていて，私たちは数値表などでそれを利用することができます．標準正規分布によって数値表を使えば，正規分布の確率知ることができます(**表5.1**).

例えば，表5.1の左の見出しの1.0*と上の見出しの＊＝0が交差するところの数値0.1587から，標準正規分布の値が1.00以上である確率は0.1587(15.87％)であることがわかります．標準正規分布は0に対して左右対称ですので，標準正規分布の値が－1.00以下である確率も，0.1587(15.87％)になります．

同様に，標準正規分布の値が2.00以上または－2.00以下である確率は0.0228(2.28％)，3.00以上または－3.00以下となる確率は0.0013(0.13％)となります．これらの結果を使ってできたものが**図5.6**というわけです．

表 5.1　正規分布表

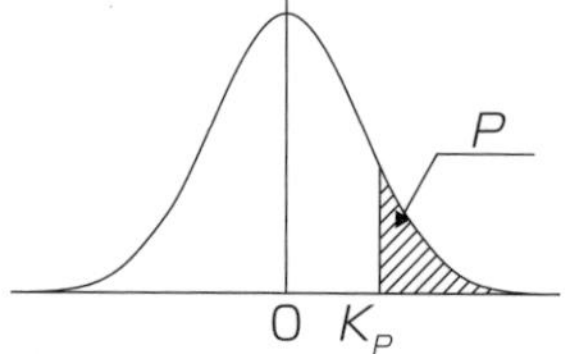

（Ⅰ）K_P から P を求める表

K_P	*=0	1	2	3	4	5	6	7	8	9
0.0*	.5000	.4960	.4920	.4880	.4840	.4801	.4761	.4721	.4681	.4641
0.1*	.4602	.4562	.4522	.4483	.4443	.4404	.4364	.4325	.4286	.4247
0.2*	.4207	.4168	.4129	.4090	.4052	.4013	.3974	.3936	.3897	.3859
0.3*	.3821	.3783	.3745	.3707	.3669	.3632	.3594	.3557	.3520	.3483
0.4*	.3446	.3409	.3372	.3336	.3300	.3264	.3228	.3192	.3156	.3121
0.5*	.3085	.3050	.3015	.2981	.2946	.2912	.2877	.2843	.2810	.2776
0.6*	.2743	.2709	.2676	.2643	.2611	.2578	.2546	.2514	.2483	.2451
0.7*	.2420	.2389	.2358	.2327	.2296	.2266	.2236	.2206	.2177	.2148
0.8*	.2119	.2090	.2061	.2033	.2005	.1977	.1949	.1922	.1894	.1867
0.9*	.1841	.1814	.1788	.1762	.1736	.1711	.1685	.1660	.1635	.1611
1.0*	.1587	.1562	.1539	.1515	.1492	.1469	.1446	.1423	.1401	.1379
1.1*	.1357	.1335	.1314	.1292	.1271	.1251	.1230	.1210	.1190	.1170
1.2*	.1151	.1131	.1112	.1093	.1075	.1056	.1038	.1020	.1003	.0985
1.3*	.0968	.0951	.0934	.0918	.0901	.0885	.0869	.0853	.0838	.0823
1.4*	.0808	.0793	.0778	.0764	.0749	.0735	.0721	.0708	.0694	.0681
1.5*	.0668	.0655	.0643	.0630	.0618	.0606	.0594	.0582	.0571	.0559
1.6*	.0548	.0537	.0526	.0516	.0505	.0495	.0485	.0475	.0465	.0455
1.7*	.0446	.0436	.0427	.0418	.0409	.0401	.0392	.0384	.0375	.0367
1.8*	.0359	.0351	.0344	.0336	.0329	.0322	.0314	.0307	.0301	.0294
1.9*	.0287	.0281	.0274	.0268	.0262	.0256	.0250	.0244	.0239	.0233
2.0*	.0228	.0222	.0217	.0212	.0207	.0202	.0197	.0192	.0188	.0183
2.1*	.0179	.0174	.0170	.0166	.0162	.0158	.0154	.0150	.0146	.0143
2.2*	.0139	.0136	.0132	.0129	.0125	.0122	.0119	.0116	.0113	.0110
2.3*	.0107	.0104	.0102	.0099	.0096	.0094	.0091	.0089	.0087	.0084
2.4*	.0082	.0080	.0078	.0075	.0073	.0071	.0069	.0068	.0066	.0064
2.5*	.0062	.0060	.0059	.0057	.0055	.0054	.0052	.0051	.0049	.0048
2.6*	.0047	.0045	.0044	.0043	.0041	.0040	.0039	.0038	.0037	.0036
2.7*	.0035	.0034	.0033	.0032	.0031	.0030	.0029	.0028	.0027	.0026
2.8*	.0026	.0025	.0024	.0023	.0023	.0022	.0021	.0021	.0020	.0019
2.9*	.0019	.0018	.0018	.0017	.0016	.0016	.0015	.0015	.0014	.0014
3.0*	.0013	.0013	.0013	.0012	.0012	.0011	.0011	.0011	.0010	.0010
3.5	.2326E-3									
4.0	.3167E-4									
4.5	.3398E-5									
5.0	.2867E-6									
5.5	.1899E-7									

（Ⅱ）P から K_P を求める表

P	*=0	1	2	3	4	5	6	7	8	9
0.00*	∞	3.090	2.878	2.748	2.652	2.576	2.512	2.457	2.409	2.366
0.0*	∞	2.326	2.054	1.881	1.751	1.645	1.555	1.476	1.405	1.341
0.1*	1.282	1.227	1.175	1.126	1.080	1.036	.994	.954	.915	.878
0.2*	.842	.806	.772	.739	.706	.674	.643	.613	.583	.553
0.3*	.524	.496	.468	.440	.412	.385	.358	.332	.305	.279
0.4*	.253	.228	.202	.176	.151	.126	.100	.075	.050	.025

出典）森口繁一，日科技連数値表委員会編，『新編 日科技連数値表—第 2 版』，日科技連出版社，2009 年を一部修整．

第６章
母集団を推測するための
サンプリングの目的と
その重要性を知ろう

6.1 母集団を推測しよう

実は，統計を使うには，これまで説明してきた次のことを暗黙の前提としています．

- 知りたいことをデータの集まりすなわち母集団と考える．
- 母集団の中のデータはばらついている．
- ばらつきを伴うデータ全体の姿である母集団の分布を考えて，それは正規分布であるとする．
- 正規分布は平均値と分散（または標準偏差）が決まると１つに形が決まる．

多くの書籍では，上記のような説明が省かれていたり不十分であったりするので，読者の理解を妨げたり混乱させています．

そもそも，私たちの知りたいことは母集団です．母集団はばらついており，分布をもっています．その分布が正規分布であるとすると，平均値と分散がわかれば母集団が特定できるのです．われわれの目標は，まず母平均と母分散を推測するということになります．つまり，次のように考えるのです．

- 母集団の平均値（これを母平均という），分散（これを母分散という）を推測することができれば，知りたいことがわかる．

6.2 サンプルとサンプリング

では，どうやって，正規分布のような母集団の分布の母平均，母分散を推測するのでしょうか？　母集団のデータをすべて調べれば，確実に可能です．

例えば，国が実施する国勢調査が５年に一度定期的に行われます．これは，日本に住んでいるすべての人と世帯を対象とする調査ですので，母集団を構成するすべてを調べているといってよいでしょう．調査に要する手間や費用は膨大なものですが，それに見合うだけの価値があるとして，調査結果は行政，立法，学術研究など多くの分野で有効に使われています．

しかし，私たちが何かを調べる場合，手間や費用の関係で普通はそうはいきません．そこで，母集団の一部を調べるということを行います．調べたものはサンプルと呼びます．また，サンプルをとることをサンプリングといいます．**図6.1** に母集団とサンプルの関係を示します．サンプルは調査のたびに異なります．世論調査を思い浮かべればわかるでしょう．母集団は有権者すべてで，サンプルは電話がかかってきた人です．でも，同じ母集団を調べているのもかかわらず，サンプルはとってくるたびに違うわけです．これをサンプリングに伴う「誤差」といいます．サンプルをとるたびに違う値が出るということです．

実は，この誤差の扱いや誤差に対する考え方が統計の重要な部分で，種々の手法が複雑化している主な要因なのです．なぜかというと，母集団を全部調べれば，母集団が変化しない限り何回調査しても(そんなことはやりませんが)常に同じ結果になるので，このようなサンプリングに伴う誤差は生じません．しかし，多くの場合，母集団をすべて調べることはできないので，母集団の一部を調べるわけですが，そこに誤差がつい

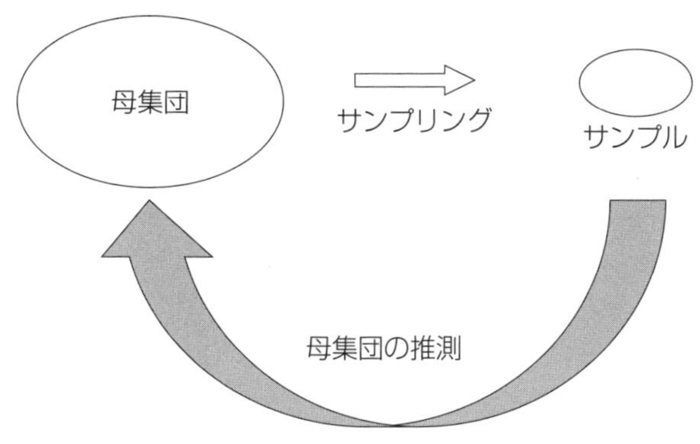

図6.1　母集団とサンプルの関係

てくるのです．仕方がないので誤差と付き合っていきましょう．

6.3　母集団を代表するサンプルをとる

もう１つ，サンプリングにあたって重要なことがあります．それは，対象とする母集団を代表するサンプルをとるということです．これは簡単なようで，実はかなり困難なことです．統計ではランダムサンプリングということがいわれており，「母集団を構成するものがすべて同じ確率でサンプルとなること」と説明されています．これが実現できれば，母集団の中で多いものはサンプルの中でも多くなるし，少ないものは少なくなるので，サンプルが母集団を映すということが成り立ちます．

例をあげてサンプリングの難しさを紹介します．新聞社などが行う世論調査は，携帯電話を含む電話番号を用いたRDD方式と呼ばれるサンプリングを行っています．設問内容が「現内閣を支持しますか？」というような場合，調査対象とする母集団は国内の有権者でしょう．この方式は，サンプルすなわち選ばれた有権者が，特定の地域に偏るということはありませんが，そもそも電話を保有していない有権者はサンプルに選ばれる可能性がないわけで，厳密な意味で「すべての有権者が同じ確率でサンプルとなる」ことは満たしていません．

総選挙など国政選挙の直前になると選挙の結果を予想するために，同じような世論調査が行われます．私の自宅にも電話があったことがあります．「あなたの選挙区の候補者の中で誰に投票するつもりですか？」，「比例区ではどの政党に投票しますか？」などの質問がありました．

ところで，この場合，対象とする母集団は何でしょうか．一見，「○○県△△選挙区内の有権者」と思いますが，実はそうともいえません．調査の目的は，選挙結果の予想ですから，有権者の中でも「投票に行く人」を調査対象にする必要があるのです．有権者の中には投票に行けない，または行かない人が一定程度（近年の国政選挙の投票率はせいぜい60％

です）いるのですから，この人たちは本調査においてはサンプルとして適当ではないということになります．自宅にかかってきた電話調査では最後に「あなたは今回の選挙に投票にいきますか？」との設問がありました．おそらくこの結果などを参考に「○○県△△選挙区内の投票に行く有権者の母集団」を代表するサンプリングのための工夫がなされているのでしょう．

ある年の総選挙では，各放送局が報じた午後８時の投票締切り直後の結果予想が実際の結果とかなり離れていたこと，すなわち「予想の外れ」が話題となりました．まだ選挙管理委員会からの発表がまったくない時点での予想ですから，「多少外れても仕方がない」との考えもあるでしょうが，大変な時間と人員をかけて事前の電話調査や出口調査と呼ばれる投票後の人へのインタビュー調査を行った割には少しお粗末な結果でした．出口調査は「投票に行った人」を対象にしている点で意味がありますが，調査の結果をまとめるにはある程度時間が必要ですので，実際の調査は投票締切りの午後８時より前の午後６時までで終了します※．仮に午前中や午後早い時間に投票した人と午後６時以降に投票した人の投票傾向が異なるようなことがあるとすると，出口調査のサンプルは母集団を正しく代表しているとはいえなくなります．

このように統計では「母集団を正しく代表するサンプル」を得ることは大変重要ですし，場合によっては，偏ったサンプルをとったばかりに，母集団の推測がうまくいかなかった，ということも生じます．

ここまでで，次のことを学びました．

- 知りたいことをデータの集まりすなわち母集団と考える．
- 母集団の中のデータはばらついている．
- ばらつきを伴うデータ全体の姿である母集団の分布を考えて，それは正規分

※福田昌史：「出口調査の方法と課題」，『行動計量学』，第35巻，第１号（通巻68号），2008年

布であるとする.

- 正規分布は平均値と分散(または標準偏差)が決まると 1 つに形が決まる.
- 母集団の平均値(これを母平均という), 分散(これを母分散という)を推測することができれば, 知りたいことがわかる.
- 母集団を正しく代表するサンプルを採る.

第７章
サンプルから統計量を求めよう

7.1 統計量

では，統計では母集団の推測を具体的にどのようにするのでしょうか？　サンプルから測定して得られたものもやはりデータです．母集団より少ないとはいえ複数個のデータがあります．母集団のデータがばらついていたのですから，サンプルのデータもばらついています．正しくサンプリングが行われていればサンプルのデータは母集団のデータを映しているはずです．

このことを調べるために，母集団のデータと同じように，サンプルのデータに対して平均値や分散を求めることが行われます．このとき，サンプルのデータから得られた数値を統計量と呼びます．

統計では，同じ平均を表すものでも，母数の母平均とサンプルから得られたデータの平均値とは厳格に区別します．本章以降では，母数のことをいっているのか，それとも統計量のことをいっているのかについて，なるべく触れるようにしていますが，そのあたりにも注意してください．

統計量の代表的なものに中心を表す平均値，ばらつきを表す不偏分散，標準偏差などがあります．

これらの計算は，3.1 節や 3.2 節で示したものと同様に，

（サンプルのデータの合計）/（サンプルのデータの数）＝平均値

（各サンプルのデータ）−（平均値）＝偏差

（偏差）^{2} の合計＝偏差平方和

と計算されます．ここまでは同じなのですが，分散については，

（偏差平方和）/（サンプルのデータの数−1）＝不偏分散

と計算して，分散と区別するために不偏分散と呼ばれます．

ここで，なぜ**サンプルのデータの数**ではなく**（サンプルのデータの数−1）**なのかについて触れておきます．仮にデータが 1 つしかない状況を考えます．データが 1 つではばらつきを評価しようがありません．しか

しデータがもう1つ加わればばらつきを評価できるようになります．このようにデータが2つあってはじめて，ばらつきを評価するもとになるものが1つできるということになります．データ3つで2つというように，ばらつきを評価するもとになるものは**(サンプルのデータの数－1)**になります．これを「**自由度**」といいます．不偏分散の式を自由度を使って表すと，

(偏差平方和)/(自由度)＝不偏分散

となります．この式は，これから検定はもちろん，実験計画法や回帰分析でも何回も出てきます．覚えておいてください．

実はこのようにして求めた値のほうが，**偏差平方和**を**サンプルのデータの数**で割った値よりも，母分散の値に近いことが知られています．よってこの値を**不偏分散**(偏りのない分散)と呼ぶのです．

標準偏差は3.1節と同じように不偏分散の平方根で求めることができます．

√(不偏分散)＝標準偏差

また，ばらつきを表す統計量の1つに範囲があります．

(サンプルのデータの中の最大値)－(サンプルのデータの中の最小値)＝範囲

で，**第10章**の管理図などで使われます．

統計量は母集団の推測に不可欠です．母集団の母平均は，サンプルの平均値を使って，母分散はサンプルの不偏分散から推測ができるということです．しかし，単純に，

(サンプルのデータの平均値)が 母平均 である．

(サンプルのデータの不偏分散)が 母分散 である．

とはいきません．

何度もいいますが，サンプルはとってくるたびに異なる値になるので，確実に母平均や母分散を当てることは不可能なのです，ここに何らかの不確実性があるのです．

7.2 統計量の分布

母集団と同様に，統計量もまた，以下に示すような各種の分布をもちます．

母集団のデータは正規分布のような分布をしているとすると，その母集団からとられたサンプルのデータはばらついているわけです．さらに同じ母集団から何度も何度もサンプルをとって，そのたびに平均値を求めるということをしたとすると，得られた多くの平均値は同じ値にはならずにばらつきます．

したがって，これら同じ母集団からとられた平均値の集まりにも中心やばらつきを考えることができるので，統計量も分布をもつというわけです．

データの平均値はもちろん，データの偏差平方和や２つの母集団から得られたデータの分散の比もそれぞれ特定の分布をもちます．

このように，統計量も分布をもつので，母集団の分布と同じように統計量の値と確率を求めることができます．これらの分布は自由度，すなわちサンプルをいくつとってきたかによって形が異なるという性質があることにも注意しておく必要があります．

この「各種統計量の分布から統計量の値と確率の関係がわかっている」ということが重要なのです．後述する推定・検定や実験計画法など統計的方法は，すべてこの統計量の分布，すなわち「統計量の値と確率の関係」を利用しています．

得られた統計量の値が，「めったに出ない値」なのか，「出ても不思議ではない値」なのかという判断が重要になります．判断基準は統計に関する各種数値表で簡便に求めることができますし，統計ソフトを使って計算できます．

(1)　t 分布

まずは，

$$t = \frac{(\text{サンプルのデータの平均値}) - (\text{母平均の値})}{\sqrt{(\text{サンプルのデータの不偏分散})/(\text{サンプルの数})}}$$

の分布である t 分布です．ここで，**母平均の値**とはサンプルをとった母集団の母平均の値のことです．**図 7.1** は t 分布の例ですが，**表 7.1** の自由度 9 と両側確率 0.05 が交差するところの数値 2.262 から，自由度 9(サンプルの数が 10 の場合ということです)の t 分布では，t 分布の値が 2.262 以上である確率が 0.025(2.5%)であること(これを上側 2.5% 点といいます)，また 2.262 以上と −2.262 以下(これを下側 2.5% 点といいます)の確率の合計は 0.05(5%)であることがわかります．

後述する推定では，t 分布の値が −2.262 から 2.262 の間にある確率が 0.95(95%)であることを使います．また，検定では，例えば，2.262 以上と −2.262 以下になることは 0.05(5%)の確率でしか起こらない，というふうに使います．

t 分布を使えば，例えば，**5.1 節**の分布と確率の関係でも例を出して触

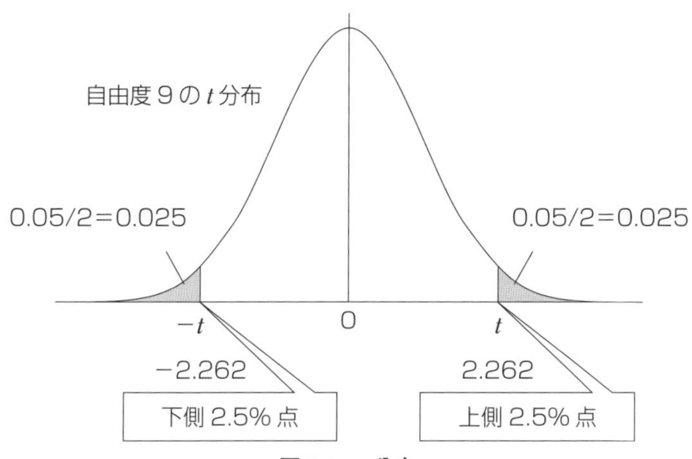

図 7.1　t 分布

表 7.1　t 表

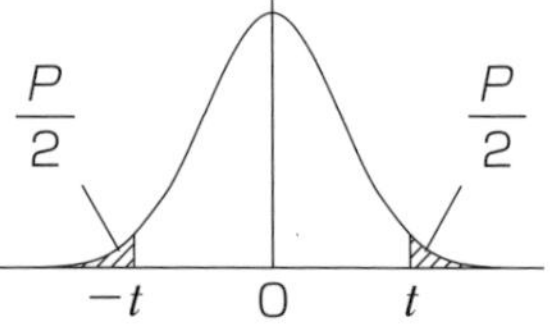

自由度 ϕ と両側確率 P とから t を求める表

ϕ \ P	0.50	0.40	0.30	0.20	0.10	**0.05**	0.02	**0.01**	0.001	P / ϕ
1	1.000	1.376	1.963	3.078	6.314	**12.706**	31.821	**63.657**	636.619	1
2	0.816	1.061	1.386	1.886	2.920	**4.303**	6.965	**9.925**	31.599	2
3	0.765	0.978	1.250	1.638	2.353	**3.182**	4.541	**5.841**	12.924	3
4	0.741	0.941	1.190	1.533	2.132	**2.776**	3.747	**4.604**	8.610	4
5	0.727	0.920	1.156	1.476	2.015	**2.571**	3.365	**4.032**	6.869	5
6	0.718	0.906	1.134	1.440	1.943	**2.447**	3.143	**3.707**	5.959	6
7	0.711	0.896	1.119	1.415	1.895	**2.365**	2.998	**3.499**	5.408	7
8	0.706	0.889	1.108	1.397	1.860	**2.306**	2.896	**3.355**	5.041	8
9	0.703	0.883	1.100	1.383	1.833	**2.262**	2.821	**3.250**	4.781	9
10	0.700	0.879	1.093	1.372	1.812	**2.228**	2.764	**3.169**	4.587	10
11	0.697	0.876	1.088	1.363	1.796	**2.201**	2.718	**3.106**	4.437	11
12	0.695	0.873	1.083	1.356	1.782	**2.179**	2.681	**3.055**	4.318	12
13	0.694	0.870	1.079	1.350	1.771	**2.160**	2.650	**3.012**	4.221	13
14	0.692	0.868	1.076	1.345	1.761	**2.145**	2.624	**2.977**	4.140	14
15	0.691	0.866	1.074	1.341	1.753	**2.131**	2.602	**2.947**	4.073	15
16	0.690	0.865	1.071	1.337	1.746	**2.120**	2.583	**2.921**	4.015	16
17	0.689	0.863	1.069	1.333	1.740	**2.110**	2.567	**2.898**	3.965	17
18	0.688	0.862	1.067	1.330	1.734	**2.101**	2.552	**2.878**	3.922	18
19	0.688	0.861	1.066	1.328	1.729	**2.093**	2.539	**2.861**	3.883	19
20	0.687	0.860	1.064	1.325	1.725	**2.086**	2.528	**2.845**	3.850	20
21	0.686	0.859	1.063	1.323	1.721	**2.080**	2.518	**2.831**	3.819	21
22	0.686	0.858	1.061	1.321	1.717	**2.074**	2.508	**2.819**	3.792	22
23	0.685	0.858	1.060	1.319	1.714	**2.069**	2.500	**2.807**	3.768	23
24	0.685	0.857	1.059	1.318	1.711	**2.064**	2.492	**2.797**	3.745	24
25	0.684	0.856	1.058	1.316	1.708	**2.060**	2.485	**2.787**	3.725	25
26	0.684	0.856	1.058	1.315	1.706	**2.056**	2.479	**2.779**	3.707	26
27	0.684	0.855	1.057	1.314	1.703	**2.052**	2.473	**2.771**	3.690	27
28	0.683	0.855	1.056	1.313	1.701	**2.048**	2.467	**2.763**	3.674	28
29	0.683	0.854	1.055	1.311	1.699	**2.045**	2.462	**2.756**	3.659	29
30	0.683	0.854	1.055	1.310	1.697	**2.042**	2.457	**2.750**	3.646	30
40	0.681	0.851	1.050	1.303	1.684	**2.021**	2.423	**2.704**	3.551	40
60	0.679	0.848	1.046	1.296	1.671	**2.000**	2.390	**2.660**	3.460	60
120	0.677	0.845	1.041	1.289	1.658	**1.980**	2.358	**2.617**	3.373	120
∞	0.674	0.842	1.036	1.282	1.645	**1.960**	2.326	**2.576**	3.291	∞

例：$\phi=10$ の両側 5% 点($P=0.05$)に対する t の値は 2.228 である.
出典）森口繁一，日科技連数値表委員会編，『新編 日科技連数値表―第 2 版』，日科技連出版社，2009 年を一部修整.

れましたが，今ここに 10 人の男性がいて，その平均身長が 210cm，不偏分散が 5^2cm^2 であったとき，日本の高校 2 年生 10 人の平均身長が 210cm である確率は極めて小さいので，彼らは日本の高校 2 年生とは考えられない，と判断できます．しかし，別の 10 人の平均身長が 172cm

で不偏分散が 5^2cm^2 であれば，彼らは日本の高校2年生ではないとは判断できない，といった判定ができます．

(2)　カイ二乗分布

$$\text{カイ二乗} = \frac{\text{（サンプルのデータの偏差平方和）}}{\text{（母分散の値）}}$$

の分布がカイ二乗分布です．

ここで，**母分散の値**とはサンプルをとった母集団の母分散の値のことです．**図7.2**はカイ二乗分布の例ですが，**表7.2**の自由度20と上側確率0.05，上側確率0.95（下側確率0.05）が交差するところの数値31.4と10.85から，自由度20（サンプルの数が21の場合ということです）のカイ二乗分布では，カイ二乗分布の値が31.4以上である確率が0.05(5%)であること（これを上側5%点といいます），また10.85以下の確率は0.05(5%)であること（これを下側5%点といいます）がわかります．

カイ二乗分布を使えば，例えば，従来の工程では製品の特性値の母分散が 2^2 で，今回試作した製品21個のデータの偏差平方和は200であったとすれば，従来の工程ではそのようなことが起こる確率は小さいので，ばらつきが大きくなったと判断できます．また別の試作では80であった

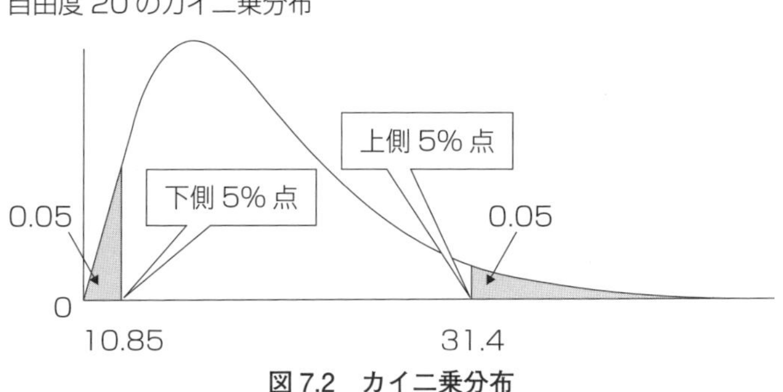

図7.2　カイ二乗分布

表 7.2　カイ二乗表

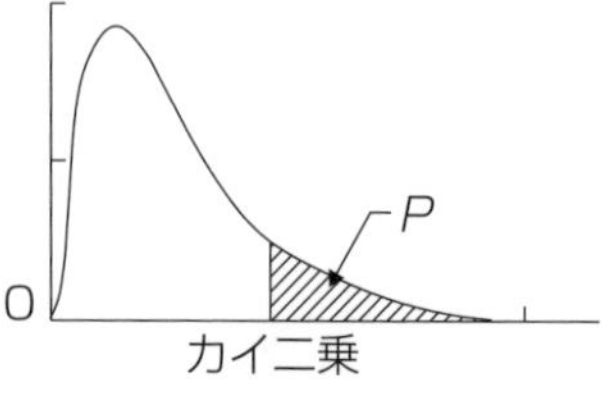

自由度 ϕ と上側確率 P とからカイ二乗を求める表

ϕ \ P	.995	.99	.975	.95	.90	.75	.50	.25	.10	.05	.025	.01	.005	P / ϕ
1	0.0^4393	0.0^3157	0.0^3982	0.0^2393	0.0158	0.102	0.455	1.323	2.71.	3.84	5.02	6.63	7.88	1
2	0.0100	0.0201	0.0506	0.103	0.211	0.575	1.386	2.77	4.61	5.99	7.38	9.21	10.60	2
3	0.0717	0.115	0.216	0.352	0.584	1.213	2.37	4.11	6.25	7.81	9.35	11.34	12.84	3
4	0.207	0.297	0.484	0.711	1.064	1.923	3.36	5.39	7.78	9.49	11.14	13.28	14.86	4
5	0.412	0.544	0.831	1.145	1.610	2.67	4.35	6.63	9.24	11.07	12.83	15.09	16.75	5
6	0.676	0.872	1.237	1.635	2.20	3.45	5.35	7.84	10.64	12.59	14.45	16.81	18.55	6
7	0.989	1.239	1.690	2.17	2.83	4.25	6.35	9.04	12.02	14.07	16.01	18.48	20.3	7
8	1.344	1.646	2.18	2.73	3.49	5.07	7.34	10.22	13.36	15.51	17.53	20.1	22.0	8
9	1.735	2.09	2.70	3.33	4.17	5.90	8.34	11.39	14.68	16.92	19.02	21.7	23.6	9
10	2.16	2.56	3.25	3.94	4.87	6.74	9.34	12.55	15.99	18.31	20.5	23.2	25.2	10
11	2.60	3.05	3.82	4.57	5.58	7.58	10.34	13.70	17.28	19.68	21.9	24.7	26.8	11
12	3.07	3.57	4.40	5.23	6.30	8.44	11.34	14.85	18.55	21.0	23.3	26.2	28.3	12
13	3.57	4.11	5.01	5.89	7.04	9.30	12.34	15.98	19.81	22.4	24.7	27.7	29.8	13
14	4.07	4.66	5.63	6.57	7.79	10.17	13.34	17.12	21.1	23.7	26.1	29.1	31.3	14
15	4.60	5.23	6.26	7.26	8.55	11.04	14.34	18.25	22.3	25.0	27.5	30.6	32.8	15
16	5.14	5.81	6.91	7.96	9.31	11.91	15.34	19.37	23.5	26.3	28.8	32.0	34.3	16
17	5.70	6.41	7.56	8.67	10.09	12.79	16.34	20.5	24.8	27.6	30.2	33.4	35.7	17
18	6.26	7.01	8.23	9.39	10.86	13.68	17.34	21.6	26.0	28.9	31.5	34.8	37.2	18
19	6.84	7.63	8.91	10.12	11.65	14.56	18.34	22.7	27.2	30.1	32.9	36.2	38.6	19
20	7.43	8.26	9.59	10.85	12.44	15.45	19.34	23.8	28.4	31.4	34.2	37.6	40.0	20
21	8.03	8.90	10.28	11.59	13.24	16.34	20.3	24.9	29.6	32.7	35.5	38.9	41.4	21
22	8.64	9.54	10.98	12.34	14.04	17.24	21.3	26.0	30.8	33.9	36.8	40.3	42.8	22
23	9.26	10.20	11.69	13.09	14.85	18.14	22.3	27.1	32.0	35.2	38.1	41.6	44.2	23
24	9.89	10.86	12.40	13.85	15.66	19.04	23.3	28.2	33.2	36.4	39.4	43.0	45.6	24
25	10.52	11.52	13.12	14.61	16.47	19.94	24.3	29.3	34.4	37.7	40.6	44.3	46.9	25
26	11.16	12.20	13.84	15.38	17.29	20.8	25.3	30.4	35.6	38.9	41.9	45.6	48.3	26
27	11.81	12.88	14.57	16.15	18.11	21.7	26.3	31.5	36.7	40.1	43.2	47.0	49.6	27
28	12.46	13.56	15.31	16.93	18.94	22.7	27.3	32.6	37.9	41.3	44.5	48.3	51.0	28
29	13.12	14.26	16.05	17.71	19.77	23.6	28.3	33.7	39.1	42.6	45.7	49.6	52.3	29
30	13.79	14.95	16.79	18.49	20.6	24.5	29.3	34.8	40.3	43.8	47.0	50.9	53.7	30
40	20.7	22.2	24.4	26.5	29.1	33.7	39.3	45.6	51.8	55.8	59.3	63.7	66.8	40
50	28.0	29.7	32.4	34.8	37.7	42.9	49.3	56.3	63.2	67.5	71.4	76.2	79.5	50
60	35.5	37.5	40.5	43.2	46.5	52.3	59.3	67.0	74.4	79.1	83.3	88.4	92.0	60
70	43.3	45.4	48.8	51.7	55.3	61.7	69.3	77.6	85.5	90.5	95.0	100.4	104.2	70
80	51.2	53.5	57.2	60.4	64.3	71.1	79.3	88.1	96.6	101.9	106.6	112.3	116.3	80
90	59.2	61.8	65.6	69.1	73.3	80.6	89.3	98.6	107.6	113.1	118.1	124.1	128.3	90
100	67.3	70..1	74.2	77.9	82.4	90.1	99.3	109.1	118.5	124.3	129.6	135.9	140.2	100

出典）森口繁一，日科技連数値表委員会編，『新編 日科技連数値表—第 2 版』，日科技連出版社，2009 年を一部修整．

とすれば，従来の工程でも起こりうることなので，ばらつきは変わったとは判断できない．といった判定ができます．

(3)　F 分布

$$F=\frac{\text{（母集団 A のサンプルのデータの不偏分散）}}{\text{（母集団 B のサンプルのデータの不偏分散）}}$$

の分布が F 分布です．

F 分布は2つの母集団を扱いますので，これを母集団 A と母集団 B としています．**図 7.3** は F 分布の例ですが，**表 7.3** の分子の自由度 8 と分母の自由度 15 が交差するところの上段の数値 2.64，分子の自由度 15 と分母の自由度 8 が交差するところの数値 3.22 の逆数 1/3.22＝0.311 から，F 分布は分散の比の分布ですので，分子の分散の自由度が 8 で分母の分散の自由度が 15 の F 分布では，F 分布の値が 2.64 以上である確率が 0.05 (5%) であること，また 0.311 以下の確率は 0.05 (5%) であることがわかります．

F 分布を使えば，例えば，2つのラインからそれぞれ 9 個と 16 個のサンプルをとって，それぞれの特性値のデータの不偏分散が 5^2 と 2^2 であ

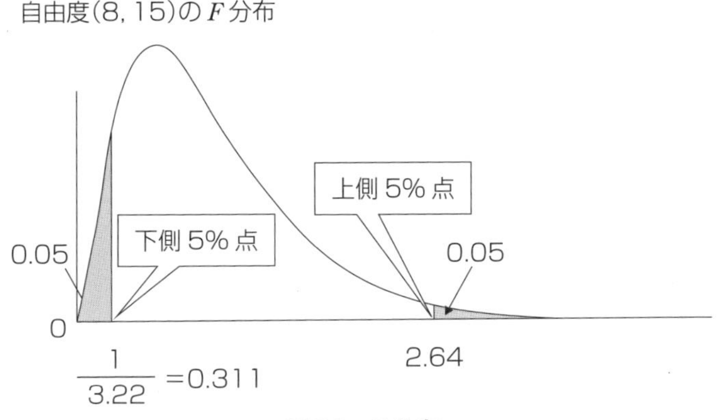

図 7.3　F 分布

表 7.3　F 表（0.05　0.01）

$F(\phi_1,\ \phi_2\ ;\ \alpha)$ $\alpha=0.05$（細字）　$\alpha=$**0.01**（太字）
ϕ_1＝分子の自由度　ϕ_2＝分母の自由度

ϕ_2 \ ϕ_1	1	2	3	4	5	6	7	8	9	10	12	15	20	24	30	40	60	120	∞	ϕ_1 / ϕ_2
1	161.	200.	216.	225.	230.	234.	237.	239.	241.	242.	244.	246.	248.	249.	250.	251.	252.	253.	254.	1
	4052.	**5000.**	**5403.**	**5625.**	**5764.**	**5859.**	**5928.**	**5981.**	**6022.**	**6056.**	**6106.**	**6157.**	**6209.**	**6235.**	**6261.**	**6287.**	**6313.**	**6339.**	**6366.**	
2	18.5	19.0	19.2	19.2	19.3	19.3	19.4	19.4	19.4	19.4	19.4	19.4	19.4	19.5	19.5	19.5	19.5	19.5	19.5	2
	98.5	**99.0**	**99.2**	**99.2**	**99.3**	**99.3**	**99.4**	**99.4**	**99.4**	**99.4**	**99.4**	**99.4**	**99.4**	**99.5**	**99.5**	**99.5**	**99.5**	**99.5**	**99.5**	
3	10.1	9.55	9.28	9.12	9.01	8.94	8.89	8.85	8.81	8.79	8.74	8.70	8.66	8.64	8.62	8.59	8.57	8.55	8.53	3
	34.1	**30.8**	**29.5**	**28.7**	**28.2**	**27.9**	**27.7**	**27.5**	**27.3**	**27.2**	**27.1**	**26.9**	**26.7**	**26.6**	**26.5**	**26.4**	**26.3**	**26.2**	**26.1**	
4	7.71	6.94	6.59	6.39	6.26	6.16	6.09	6.04	6.00	5.96	5.91	5.86	5.80	5.77	5.75	5.72	5.69	5.66	5.63	4
	21.2	**18.0**	**16.7**	**16.0**	**15.5**	**15.2**	**15.0**	**14.8**	**14.7**	**14.5**	**14.4**	**14.2**	**14.0**	**13.9**	**13.8**	**13.7**	**13.7**	**13.6**	**13.5**	
5	6.61	5.79	5.41	5.19	5.05	4.95	4.88	4.82	4.77	4.74	4.68	4.62	4.56	4.53	4.50	4.46	4.43	4.40	4.36	5
	16.3	**13.3**	**12.1**	**11.4**	**11.0**	**10.7**	**10.5**	**10.3**	**10.2**	**10.1**	**9.89**	**9.72**	**9.55**	**9.47**	**9.38**	**9.29**	**9.20**	**9.11**	**9.02**	
6	5.99	5.14	4.76	4.53	4.39	4.28	4.21	4.15	4.10	4.06	4.00	3.94	3.87	3.84	3.81	3.77	3.74	3.70	3.67	6
	13.7	**10.9**	**9.78**	**9.15**	**8.75**	**8.47**	**8.26**	**8.10**	**7.98**	**7.87**	**7.72**	**7.56**	**7.40**	**7.31**	**7.23**	**7.14**	**7.06**	**6.97**	**6.88**	
7	5.59	4.74	4.35	4.12	3.97	3.87	3.79	3.73	3.68	3.64	3.57	3.51	3.44	3.41	3.38	3.34	3.30	3.27	3.23	7
	12.2	**9.55**	**8.45**	**7.85**	**7.46**	**7.19**	**6.99**	**6.84**	**6.72**	**6.62**	**6.47**	**6.31**	**6.16**	**6.07**	**5.99**	**5.91**	**5.82**	**5.74**	**5.65**	
8	5.32	4.46	4.07	3.84	3.69	3.58	3.50	3.44	3.39	3.35	3.28	3.22	3.15	3.12	3.08	3.04	3.01	2.97	2.93	8
	11.3	**8.65**	**7.59**	**7.01**	**6.63**	**6.37**	**6.18**	**6.03**	**5.91**	**5.81**	**5.67**	**5.52**	**5.36**	**5.28**	**5.20**	**5.12**	**5.03**	**4.95**	**4.86**	
9	5.12	4.26	3.86	3.63	3.48	3.37	3.29	3.23	3.18	3.14	3.07	3.01	2.94	2.90	2.86	2.83	2.79	2.75	2.71	9
	10.6	**8.02**	**6.99**	**6.42**	**6.06**	**5.80**	**5.61**	**5.47**	**5.35**	**5.26**	**5.11**	**4.96**	**4.81**	**4.73**	**4.65**	**4.57**	**4.48**	**4.40**	**4.31**	
10	4.96	4.10	3.71	3.48	3.33	3.22	3.14	3.07	3.02	2.98	2.91	2.85	2.77	2.74	2.70	2.66	2.62	2.58	2.54	10
	10.0	**7.56**	**6.55**	**5.99**	**5.64**	**5.39**	**5.20**	**5.06**	**4.94**	**4.85**	**4.71**	**4.56**	**4.41**	**4.33**	**4.25**	**4.17**	**4.08**	**4.00**	**3.91**	
11	4.84	3.98	3.59	3.36	3.20	3.09	3.01	2.95	2.90	2.85	2.79	2.72	2.65	2.61	2.57	2.53	2.49	2.45	2.40	11
	9.65	**7.21**	**6.22**	**5.67**	**5.32**	**5.07**	**4.89**	**4.74**	**4.63**	**4.54**	**4.40**	**4.25**	**4.10**	**4.02**	**3.94**	**3.86**	**3.78**	**3.69**	**3.60**	
12	4.75	3.89	3.49	3.26	3.11	3.00	2.91	2.85	2.80	2.75	2.69	2.62	2.54	2.51	2.47	2.43	2.38	2.34	2.30	12
	9.33	**6.93**	**5.95**	**5.41**	**5.06**	**4.82**	**4.64**	**4.50**	**4.39**	**4.30**	**4.16**	**4.01**	**3.86**	**3.78**	**3.70**	**3.62**	**3.54**	**3.45**	**3.36**	
13	4.67	3.81	3.41	3.18	3.03	2.92	2.83	2.77	2.71	2.67	2.60	2.53	2.46	2.42	2.38	2.34	2.30	2.25	2.21	13
	9.07	**6.70**	**5.74**	**5.21**	**4.86**	**4.62**	**4.44**	**4.30**	**4.19**	**4.10**	**3.96**	**3.82**	**3.66**	**3.59**	**3.51**	**3.43**	**3.34**	**3.25**	**3.17**	
14	4.60	3.74	3.34	3.11	2.96	2.85	2.76	2.70	2.65	2.60	2.53	2.46	2.39	2.35	2.31	2.27	2.22	2.18	2.13	14
	8.86	**6.51**	**5.56**	**5.04**	**4.69**	**4.46**	**4.28**	**4.14**	**4.03**	**3.94**	**3.80**	**3.66**	**3.51**	**3.43**	**3.35**	**3.27**	**3.18**	**3.09**	**3.00**	
15	4.54	3.68	3.29	3.06	2.90	2.79	2.71	2.64	2.59	2.54	2.48	2.40	2.33	2.29	2.25	2.20	2.16	2.11	2.07	15
	8.68	**6.36**	**5.42**	**4.89**	**4.56**	**4.32**	**4.14**	**4.00**	**3.89**	**3.80**	**3.67**	**3.52**	**3.37**	**3.29**	**3.21**	**3.13**	**3.05**	**2.96**	**2.87**	
ϕ_2 / ϕ_1	1	2	3	4	5	6	7	8	9	10	12	15	20	24	30	40	60	120	∞	ϕ_1 / ϕ_2

例　$\phi_1=5$，$\phi_2=10$ に対する $F(\phi_1,\ \phi_2\ ;\ 0.05)$ の値は，$\phi_1=5$ の例と $\phi_2=10$ の行の交わる点の上段の値（細字）3.33 で与えられる．

出典）森口繁一，日科技連数値表委員会編，『新編 日科技連数値表—第 2 版』，日科技連出版社，2009 年を一部修整．

れば，その比は6.25になります．2つのラインの特性値のばらつきが同じであるとすると，比がそのような値になる確率は小さいので，2つのラインのばらつきは異なると判断できます．また，別の2つのラインの不偏分散の比が2.00であったとすれば，2つのラインの特性値のばらつきが同じ場合でも起こりうることなので，2つのラインのばらつきは異なるとは判断できない．といった判定ができます．

ここまでで，次のことを学びました．

- 知りたいことをデータの集まりすなわち母集団と考える．
- 母集団の中のデータはばらついている．
- ばらつきを伴うデータ全体の姿である母集団の分布を考えて，それは正規分布であるとする．
- 正規分布は平均値と分散（または標準偏差）が決まると1つに形が決まる．
- 母集団の平均値（これを母平均という），分散（これを母分散という）を推測することができれば，知りたいことがわかる．
- 母集団を正しく代表するサンプルをとる．
- サンプルを測定したデータから統計量を計算する．

インターミッションⅠ

1．統計に用いる用語の整理

ここで，これまでに出てきた用語の意味と中身を整理して，今後の学習に備えましょう．

① **母集団**：知りたいことをデータの集まりと考えたもの

母集団にかかわる用語：

母平均：**(母集団に属するデータ)の平均**→通常わからない

母分散：**$\underbrace{((\text{データ})-(\text{母平均}))}_{\text{偏差}}{}^2$ の平均**→通常わからない

母標準偏差：**$\sqrt{\text{母分散}}$**

② **統計量**：母集団を知るためにサンプルのデータから求めた各種の数値

統計量にかかわる用語：

平均値：(サンプルのデータ)の平均値

偏差平方和：$\underbrace{((\text{サンプルのデータ})-(\text{平均値}))}_{\text{偏差}}{}^2$ の合計

不偏分散：(偏差平方和)/(サンプルのデータの数−1)

自由度：(サンプルのデータの数)−1

標準偏差：$\sqrt{\text{不偏分散}}$

注1）偏差平方和は，複数個の平均値とそれらの平均値から算出する場合もある．

注2）第8章以降は，偏差平方和を「平方和」，不偏分散を「分散」と表記する．

注3）推定・検定はもちろん，実験計画法や回帰分析でも自由度の考え方は重要であり，例えば，

要因の自由度＝(水準数)−1

などとして，しばしば登場する．

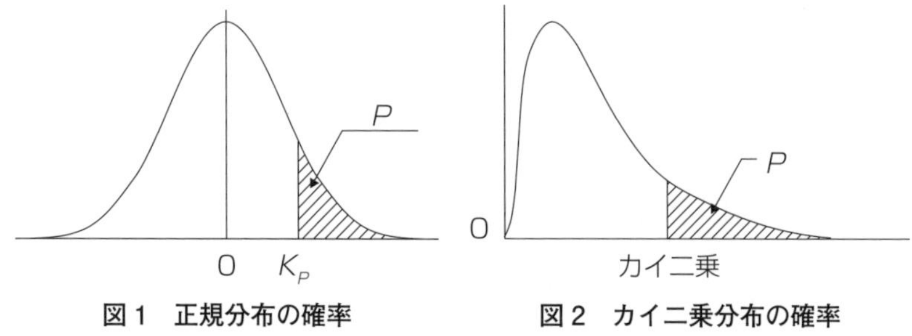

図1　正規分布の確率　　図2　カイ二乗分布の確率

③　**分布**：母集団のデータや統計量などの全体としての姿形のこと．正規分布など．

④　**分布と確率**：分布の特定部分の割合を確率とする(**図1**，**図2**)．

2．第8章以降への心構え

第8章以降はいよいよ，検定や推定，さらに管理図，実験計画法，相関分析，回帰分析という実際の場面でよく使われる「統計的方法」について学びます．

そのためには，**第7章**までで学んだ母数，サンプリング，統計量，分布と確率といった知識が必要です．

まず，推定と検定ですが，特に「検定」の考え方の理解は，推定・検定の実際のみならず，その後に続く管理図，実験計画法，相関分析，回帰分析を学ぶためにも必須です．少し骨がありますが，**第7章**の統計量の分布なども読み返していただいて，「検定とは何をしているのか」を学んでください．ここが理解できれば，管理図，実験計画法，相関分析，回帰分析は，目的や状況が少しずつ異なる場面で，「検定や推定」をしている，ということがわかるはずです．そうなれば「統計の極意習得」も見えてきます．

さあ，後半が始まります．

第8章
サンプルの情報から母集団に関する結論を出そう

8.1 推定と検定

ここまでで,知りたいことをデータの集まりを母集団と考えること,母集団の全体としての姿である分布を考える(それを正規分布とする)こと,母集団から正しくサンプルをとって統計量を求めることを学びました.いよいよ,このあとは調査結果を出す段階です.

ここで登場するのが「検定」と「推定」です.検定と推定は,どちらも母集団に関する調査結果を表す手段なのですが,統計を学び始めた皆さんの多くが,この特に検定に関する考え方や特殊な用語を前にして尻込みしてしまい,勉強を諦めてしまう方もいらっしゃるようです.

そこで本書では,推定から話を進めます.「検定と推定は2つでひとつ」とか,「検定を行ってから推定をしなくてはならない」とか,「検定で有意でなければ推定には意味がない」などの言説があることは承知していますが,筆者はこれらはすべて誤りと思っています.

検定と推定はまったく別物で,検定だけでも推定だけでも問題ありません.私たちが知りたいことは母集団の母平均や母分散の値である場合が多いので,それにはまず推定が役に立ちます.

よく見かける,いわゆる「視聴率調査」や「世論調査」の結果は,実はこの推定です.しかも,後述する点推定の結果だけが重宝されます.したがって,推定だけでも立派な統計です.しかし皆さんには,ぜひ,推定には点推定の他に区間推定もあること,またデータをさらに統計的に扱うなら検定もある,という考え方を知って学んでほしいと思います.

8.2 推定とは

推定による結論は,「調査対象の母集団の母平均は○○と推定されます」というような形で出るものです.その際,ずばりの値,例えば「重量は10.2kg」などとピンポイントでの値で推定することを「点推定」といい，その値を「点推定値」といいます．テレビの視聴率調査で，「某番組の世帯視聴率は15.4%でした」というのは点推定値です．

「点推定で，十分知りたいことはわかった」という向きはあると思います．しかし，何度も繰り返しますが，この種の調査は母集団のすべてを調べているわけではありません．今回調査したサンプルからはこうなりましたが，違うサンプルが選ばれていたなら結果は異なったかもしれないからです．サンプルから得られた統計量であるサンプルのデータの平均値などはばらついており，そのうちの1つが今回たまたま実現した値である，と考えるわけです．でも，「じゃあ本当の視聴率はもっと高いんじゃないの？」という指摘を受けることもあるでしょう．そのために推定では点推定だけで終わらず「区間推定」というものが行われます．

区間推定とは，信頼率という割合を設定して，「信頼率95%で母集団の視聴率の母平均は10.4〜20.4%の間にある」というように表現するものです．このような表現を信頼区間といい，その上限を信頼上限，下限を信頼下限といいます．

「信頼率95%」の厳密な意味は，「信頼区間を求めることを何度も何度も行ったときに得られたたくさんの信頼区間のうち，95%は真の母平均を含んでいる（5%は外すこともある）」ということなのです．先ほどの例でいうと，「視聴率10.4〜20.4%の間にほぼ間違いなく真の母平均がありますよ」というふうに解釈して差し支えありません．

「真の母平均」を間違いなく知ることはできません．これまで何度も説明してきたように，母集団のデータをすべて調べていないからです．したがって「真の母平均」をサンプルのデータから推定したものが点推定値であり，信頼区間であるということになります．

区間推定の信頼率は自分で決めますが，一般に95％または90%の値が使われます．信頼率を小さくすれば信頼区間は狭くなります．真の母平均が入っているであろう区間を絞り込めて使い勝手はよさそうですが，真の母平均を外してしまう，すなわち信頼区間の中に真の母平均が入っていない確率が高くなります．逆に信頼率を大きくすると，信頼区間が広くなってしまって使いものにならない，ということになりかねません(**図 8.1**)．

なお，信頼率を 100% とした区間推定，すなわち「求めた信頼区間の中に真の母平均が必ずあります」という区間推定は不可能です．なぜなら，私たちは母集団をすべて調べているわけではないからです．あえて信頼率 100% で区間推定するなら，信頼区間はマイナス無限大からプラス無限大の間ということになります．すなわち，「考えられるすべての数のどこかに真の母平均がありますよ」となってしまい，せっかくの推定の意味がありません．

点推定値や信頼区間を求めるためには，サンプルのデータから計算された統計量を用います．面倒な手順や計算は統計ソフトを使えばよいのですが，推定の目的，その結果の解釈についてはよく理解しておく必要があります．

もう 1 つ重要なことがあります．それは，サンプルの数によって信頼区間の幅が変わるということです．繰り返しますが，母集団をすべて調べれば真の母平均を知ることができます．しかしそれはできないので，私たちは母集団からサンプルをとって母平均を推測するわけです．このとき，サンプルの数が多くなれば，より真の母平均に近づく可能性が高まることは容易に想像できるでしょう．つまり，推定ではサンプルの数を増やせば同じ信頼率でも信頼区間の幅が小さくなるのです(**図 8.2**)．一

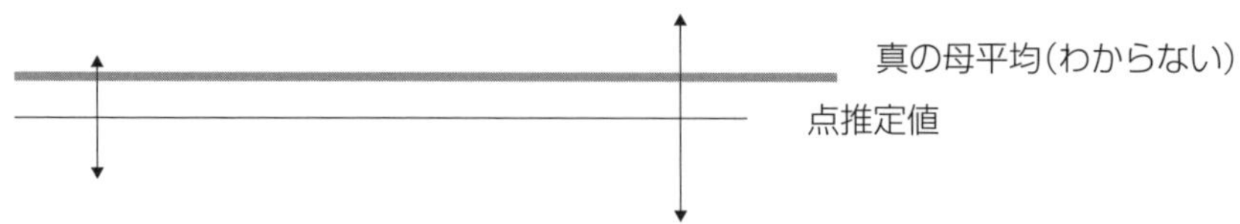

図 8.1　信頼率と信頼区間

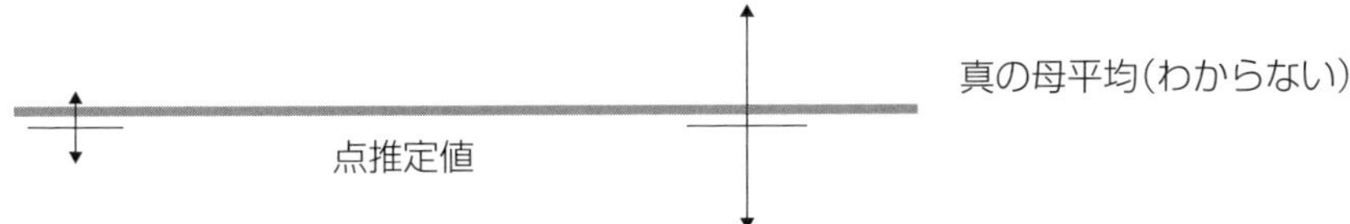

図 8.2　サンプル数と信頼区間

方で，サンプルの数を増やすことは時間や手間がかかることになるので，適当なサンプルの数を決める必要があります．

世論調査や視聴率調査も，サンプルの数はわかっているのですから区間推定は比較的容易にできます．詳細は省きますが，例えば，1,000 人を調査して内閣支持率が 50% であったとすると，信頼率 95% の信頼区間は，47～53% になります．いいかえると，「今回の調査結果から内閣支持率は，47～53% の間と推測される」ということです．「支持率 50%」だけをうのみにしたり，1% や 2% の差にこだわったりしないほうがよさそうですね．

これらのことは，次節で解説する検定や，本章以降で述べる多くの統計的方法に共通のことですので注意してください．

ここまでで，次のことを学びました．

- 知りたいことをデータの集まりすなわち母集団と考える．
- 母集団の中のデータはばらついている．
- ばらつきを伴うデータ全体の姿である母集団の分布を考えて，それは正規分布であるとする．
- 正規分布は平均値と分散(または標準偏差)が決まると 1 つに形が決まる．
- 母集団の平均値(これを母平均という)，分散(これを母分散という)を推測することができれば，知りたいことがわかる．
- 母集団を正しく代表するサンプルを採る．
- サンプルを測定したデータから統計量を計算する．
- 統計量から母集団の母平均や母分散などを推定する．

8.3 検定とは

統計を学び始めた多くの人にとって鬼門となるのが「検定」です．検定の結論は「調査対象の母集団について，母平均は○○と異なっていると判断されます」という形で出ます．考え方が面倒な割には，実にあっさりとしたもので，「たったこれだけ！」といわれても仕方ありません．

そうはいっても，後述する管理図や実験計画法でも，検定を行うことが最大の目的ともいえるほどで，統計において根幹となる重要な考え方です．

検定には，数学の世界でよく使われる「背理法」という考え方が使われています．背理法とは，「仮説を設定して，その仮説が正しいとして話を進めたとき，得られた事実と矛盾する結果となった場合に，最初に立てた仮説が間違っていると判断する」というものです．

ここから，検定を進める流れに沿って解説していきます．背理法にしたがって，まず仮説を設定します．例えば母平均に関する仮説ならば，「母平均は○○に等しい」という仮説と，それを否定する仮説「母平均は○○とは異なる」の２つを設定します．前者の「もっぱら等しい」とした仮説を「帰無仮説」，前者を否定する仮説を「対立仮説」といいます．

母集団に関する検定を行う際，「母集団はこうあってほしい，こうなっているはずだ」という思いをもってあたることが一般的です．これらの思いを込めた仮説を対立仮説とします．つまり検定においては，「対立仮説が正しい」ことを期待しているのです．

逆に，「母集団はこうあってほしくない，こうではないはずだ」というものを帰無仮説とします．

帰無仮説：「母集団はこうあってほしくない，こうではないはずだ」ということ．

例：新薬の有効性の母平均は従来品と同じ 70% である．

対立仮説：「母集団はこうあってほしい，こうなっているはずだ」ということ．

例：新薬の有効性の母平均は従来品より高い．

検定においても今まで同様，母集団をすべて調べるわけではないので，検定の結果は不確実なものになります．検定では真実ではない仮説を真実であると判断してしまう可能性があるということです．

仮説が 2 つあるので，誤りも 2 種類となります．「本当は帰無仮説が真実なのに対立仮説を正しいと判断してしまう誤り」と「本当は対立仮説が真実なのに帰無仮説が正しいと判断してしまう誤り」です．前者を「第一種の誤り」，後者を「第二種の誤り」と呼びます．推定の際に信頼率を設定したように，第一種の誤りの確率を自分で決めます．これを有意水準といい，通常 5% とします．これらをまとめると，**表 8.1** となります．

続いて検定に使う統計量を決めます．これは，母平均に関する検定なのか母分散に関する検定なのかなど，検定の対象や他の母数の情報によって決定されます．

次に，帰無仮説が正しいとした場合の検定に使う統計量の分布を考えます．**7.2 節**ですでに学んだように，分布が決まれば分布の値とその確率の関係が導かれます．これを使って，帰無仮説が正しいときには有意水

表 8.1　検定の仮説と誤りの確率

真実＼検定の判断	帰無仮説が正しい	対立仮説が正しい
帰無仮説が真実	○	× 第一種の誤り 確率を有意水準という
対立仮説が真実	× 第二種の誤り	○ 確率を検出力という

準に相当する小さい確率(5% など)でしか生じない統計量の分布の値を求めます(数値表などから求めます). この値を棄却域との境界値とします.

棄却域とは, サンプルのデータから求めた統計量の値がその領域に入ったときに帰無仮説を棄却して(捨てて), 対立仮説が正しいと判断する(「対立仮説を採択する」といいます)ものです.

つまり,「対立仮説が正しいことを期待する」ということは,「サンプルのデータから求めた統計量が棄却域に入ってほしい」と同じ意味ということになります.

ここで, 棄却域は対立仮説に応じて**図 8.3** に示す 3 種類があります.

第 5 章で説明した「確率は分布全体の中の一部分の割合である」ことや, **第 7 章**で紹介した t 分布, カイ二乗分布, F 分布の考え方を思い出してください. 有意水準と棄却域の考え方も共通したものです.

検定のための統計量の分布

有意水準の 1/2

棄却域

棄却域

①対立仮説が「母集団の母平均は
＊＊とは異なる」の場合の棄却域

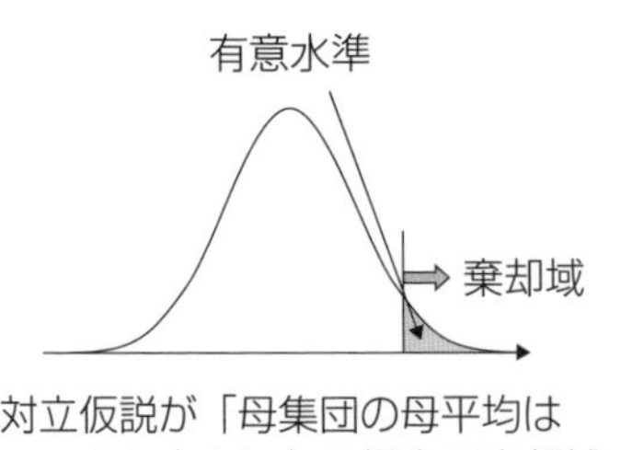

②対立仮説が「母集団の母平均は
＊＊より大きい」の場合の棄却域

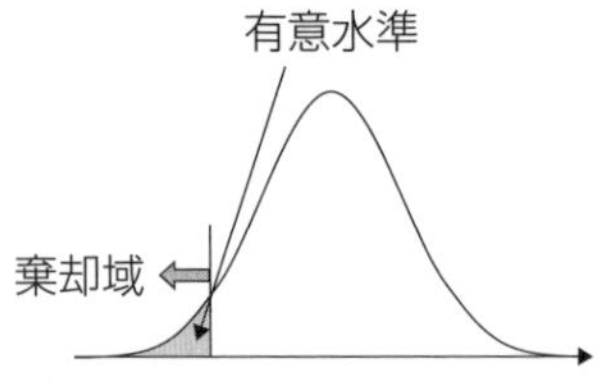

③対立仮説が「母集団の母平均は
＊＊より小さい」の場合の棄却域

図 8.3　対立仮説と棄却域

あとは，サンプルのデータから統計量を計算して，棄却域と比べればよいのです．棄却域に入れば「対立仮説が正しい」と判断し，入らなければ「対立仮説は正しいとは判断できない」とします．前者を検定結果が「有意となった」，後者を検定結果が「有意ではない」と表現します．

まとめると，以下の手順となります．

手順１：帰無仮説と対立仮説を設定する．
手順２：検定のための統計量を決定する．
手順３：帰無仮説が正しいときに小さな確率（これが有意水準）でしか生じない統計量の値を求めて棄却域を設定する．
手順４：サンプルのデータから検定のための統計量を計算し棄却域と比較する．
手順５：棄却域に入れば有意，入らなければ有意ではないと判定する．

おさらいすると，手順３で一旦「帰無仮説が正しい」として進めましたが，手順５で棄却域に入ることは小さな確率（有意水準）でしか起こらないので，棄却域に入ったとすれば，それは帰無仮説が間違っている，すなわち，「対立仮説が正しいと判断する」ということです．

もちろん，棄却域に入らなければ，それは普通に（めずらしくなく）起こることなので，「帰無仮説は間違っているとはいえない」となります．

ここで，「有意水準は第一種の誤りの確率」といいましたが，「帰無仮説が真実である場合でも統計量が棄却域の値をとる確率」が「有意水準の確率」分だけあるわけなので，「帰無仮説が真実なのに対立仮説を正しいと判断してしまう誤りの確率」が「有意水準」に等しいということがわかります．

このように，有意水準は検定を行う人が事前に決めることができ，しかも初めから期待していた「対立仮説が正しい」と判断したときにその判断が間違っている確率は，有意水準以下であることが保証されるというわけです．

ここでも，面倒な手順や計算は統計ソフトを使えばいいのですが，検定を行うにあたっての注意点や検定結果の解釈についてもう少し触れておきます．

まず，有意水準の設定です．有意水準を大きく，例えば20%に設定すれば，有意になりやすくなりますが，一方で第一種の誤りの確率が大きくなります．有意水準を小さく，例えば0.5%にすれば，第一種の誤りの確率は小さくなりますが，なかなか有意にはなってくれません．通常，特に事情がなければ5%を使います．つまり，「20回に1回くらいは間違うかもしれません」と決めるということですね．

次に，推定のところでも述べたサンプルの数です．サンプルの数が多くなれば，第二種の誤りが小さくなって，対立仮説が真実であるときに対立仮説を正しいと判断する確率である検出力が大きくなるのです．対立仮説が正しいことを期待しているのですから，検出力は大きいに越したことはないのですが，サンプルの数を増やすことは時間や手間がかかることになるので，適当なサンプルの数を決める必要があります．なお，少し難しいのですが，あらかじめ検出したい差と検出力を決めておいて，サンプルの数を算出することも可能です．

ここで少し補足します．先に，統計量の値が棄却域に入らなければ「対立仮説は正しいとは判断できない」という表現をしたのは，この検出力がからんでいます．棄却域に入らないときは，「帰無仮説が正しい」場合の他に，「検出力が十分ではなかった」という可能性もあるので，このような表現を使います．

繰り返しますが，母集団をすべて調べることができれば，第一種の誤りも第二種の誤りも0で，検出力は100%となります．統計では適当なサンプルの数を決めることは極めて重要です．

統計ソフトを使って検定を行うと，有意である，有意でないに加えて，p値というものが表示されることがあります(**図8.4**)．p値とは，統計量がサンプルのデータから計算した値よりも分布の中心から離れた側の値

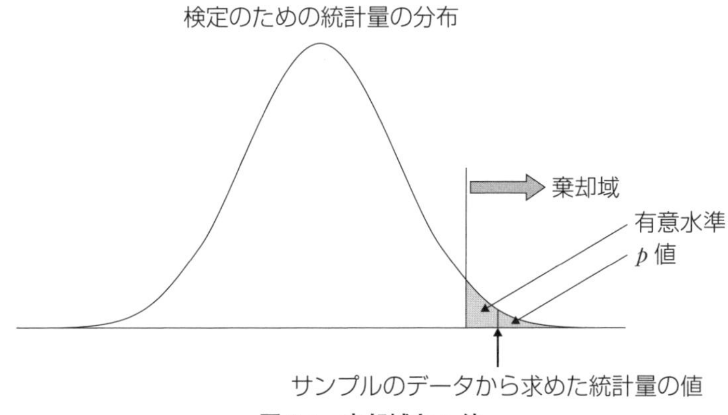

図 8.4　棄却域と p 値

をとる確率を示します．例えば，p 値が 2% となっているなら，「サンプルのデータから計算した値は，帰無仮説が正しいとすると 2% という小さな確率でしか起こりませんよ」ということを示します．したがって，有意水準と p 値を比べることでも検定の判断ができます．

ここまでで，次のことを学びました．

- 知りたいことをデータの集まりすなわち母集団と考える．
- 母集団の中のデータはばらついている．
- ばらつきを伴うデータ全体の姿である母集団の分布を考えて，それは正規分布であるとする．
- 正規分布は平均値と分散（または標準偏差）が決まると 1 つに形が決まる．
- 母集団の平均値（これを母平均という），分散（これを母分散という）を推測することができれば，知りたいことがわかる．
- 母集団を正しく代表するサンプルを採る．
- サンプルを測定したデータから統計量を計算する．
- 統計量から母集団の母平均や母分散などを推定する．
- 統計量から母集団の仮説について検定する．

インターミッションⅡ

さて，統計最大の鬼門である「検定・推定」，特に「検定」までを学んだ皆さん．大変お疲れ様でした．しかし，まだなんとなく消化不良というか,「わかったのかわかっていないのかわからない？」という状況の方も多いかと思います．

私自身，初めて「検定・推定」の講義を聞いたときには,「何かだまされているような，でもどこでどうだまされているのかがわからない」という気持ちになったことを覚えています．

「検定や推定の考え方」が大事と何度もいいましたが，それは今後皆さんが実務でお使いになる**第 9 章**以降の各種の統計手法は，すべて検定・推定の考え方が大本にあるからなのです．ですから，例えば管理図や実験計画法の基本的な考え方を理解したうえで実務で使いこなすには,「検定・推定の考え方」の習得が不可欠なのです．**第 9 章**以降で何か疑問が生じた際には，**第 8 章**を再読することで解決するかもしれません．さらにさかのぼって**第 7 章**の統計量とその分布の解説を読み返すのも大いに参考になるでしょう．

ということで，先に進みましょう．逆に先に進むと，**第 7 章**や**第 8 章**の理解が深まるということも，あながち期待できないことではありません．

第 9 章以降は，いわば「実践編」です．製品やサービスを提供するような実務において，その目的や状況に応じて使う「統計的方法」について解説します．

もちろん本書の特徴である，なるべく数式を使わずにそれぞれの手法の基本的な考え方を解説するということは共通です．さらに，各章でさ

まざまな手法を解説していきますが，まずそれぞれの手法について全体を簡単に述べたあと，

(1) **調べたいこと**

(2) **まずやること**

(3) **どう調べる**

(4) **わかること**

という流れで解説していく，共通の構成にしています．また，身近な例を入れて理解を助ける工夫をしています．

一人でも多くの方が「統計的方法の極意」を習得して，統計的方法を使いこなすようになることを祈っています．

さあ，ページをめくりましょうか．

第９章

１つの母集団，２つの母集団の母平均，母分散に関する結論を出そう

第8章では，推定と検定の基本的な考え方や留意点を学びました．さていよいよここからは，実際の場面で推定や検定がどう使われるのかです．基本的な例から話を進めます．

本章で取り上げたのは，

①，② **母集団が１つの場合の母平均の推定と検定**

③，④ **母集団が１つの場合の母分散の推定と検定**

⑤，⑥ **母集団が２つの場合の母平均の差の推定と検定**

⑦ **母集団が２つの場合の母分散の比の検定**

の合計7つの例です．

たとえ母集団が同じであっても，母平均と母分散は別のものですので，それぞれ異なる方法を用います．また，2つの母集団を比べて母平均や母分散が異なるのかどうかといったことに興味があることもあります．そういった場合に適用する「母平均の差の推定と検定」と「母分散の比の検定」についても扱います．

ここで，「3つ以上の母集団を同時に扱う場合はどうするの？」という疑問を抱かれた方もあるかと思いますが，ご安心を．**第11章**以降に答えがあります．

9.1　1つの母集団の母平均の推定

こんな場面で使う

自動車部品を製造しており，お客様からの要望によってある部分の寸法が重要である．

- 現状の工程で製造している部品の寸法Sの母平均を知りたい．

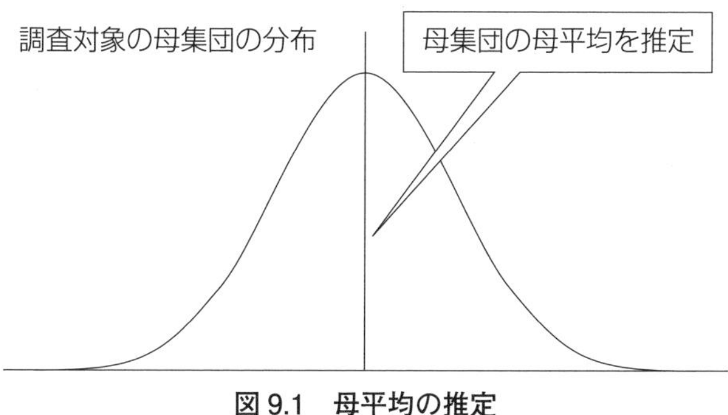

図 9.1　母平均の推定

(1)　調べたいこと

知りたい1つの母集団の母平均を推定したい(**図 9.1**).

> 例：お客様の要望に対して現状の工程で製造している寸法Sの母平均を調べたい.

(2)　まずやること

1)　母集団からサンプルの数を決めてサンプルをランダムに採取してデータを得る.

2)　信頼率を決める.

> 例：現状の工程で生産されている部品からランダムに部品を30個採取して寸法Sを測定しました. 信頼率は95%としました.

(3)　どう調べる

1)　**サンプルのデータの平均値**, **サンプルのデータの不偏分散**を求める.

2)　母平均の点推定値は**サンプルのデータの平均値**となる.

3)　**サンプルのデータの平均値**は**サンプルの数**と**サンプルのデータ**の**不偏分散**とで決まるt分布に従うので，信頼率に応じたt分布の値を求めて信頼区間を求める.

信頼率 95% の信頼区間の求め方は以下のようになる.

検定統計量 t は,

$$\textbf{検定統計量}\ t=\frac{\text{(サンプルのデータの平均値)}-\text{母平均の値}}{\sqrt{\text{(サンプルのデータの不偏分散)/(サンプルの数)}}}$$

であり, これの値が, t 分布の上側 2.5% 点と下側 2.5% 点の間にある確率は 95% であるので,

$$\text{下側 2.5\% 点}<\frac{\text{(サンプルのデータの平均値)}-\text{(母平均の値)}}{\sqrt{\text{(サンプルのデータの不偏分散)/(サンプルの数)}}}<\text{上側 2.5\% 点}$$

から,

$$\text{(サンプルのデータの平均値)}+\text{下側 2.5\% 点}\times\sqrt{\text{(サンプルのデータの不偏分散)/ サンプルの数}}$$

$$<\text{母平均の値}<$$

$$\text{(サンプルのデータの平均値)}+\text{上側 2.5\% 点}\times\sqrt{\text{(サンプルのデータの不偏分散)/(サンプルの数)}}$$

となる.

> 例：得られた 30 個のデータから平均値と不偏分散を計算して母平均の点推定値を求め, さらに区間推定を行いました.

(4)　わかること

知りたい母集団の母平均の点推定値と信頼率に応じた信頼区間がわかる.

> 例：信頼区間からお客様の要望を満足していると確認できました.

9.2　1 つの母集団の母平均の検定

こんな場面で使う

自動車部品を製造しており，お客様からの要望によってある部分の隙間の寸法 K が重要である．

- 現状の工程で製造している部品の隙間の寸法 K の母平均は，お客様に指定されている値に対してどうなっているのか知りたい．

(1)　調べたいこと

知りたい 1 つの母集団の母平均が比較する母平均の値と等しいかどうかを判断したい(**図 9.2**)．

例：隙間の寸法 K の母平均は，お客様に指定されている値に対してどうなっているのか知りたい．

(2)　まずやること

1)　母集団からサンプルの数を決めてサンプルをランダムに採取してデータを得る．

2)　仮説を立てる．

帰無仮説は「比較する母平均の値に等しい」とする(**図 9.3**)．対立仮説は以下の 3 種類考えられるので，自分が期待するものを選ぶ(**図 9.4～図 9.6**)．

対立仮説①：比較する母平均の値と等しくない．

対立仮説②：比較する母平均の値より小さい．

対立仮説③：比較する母平均の値より大きい．

3)　有意水準を決める．

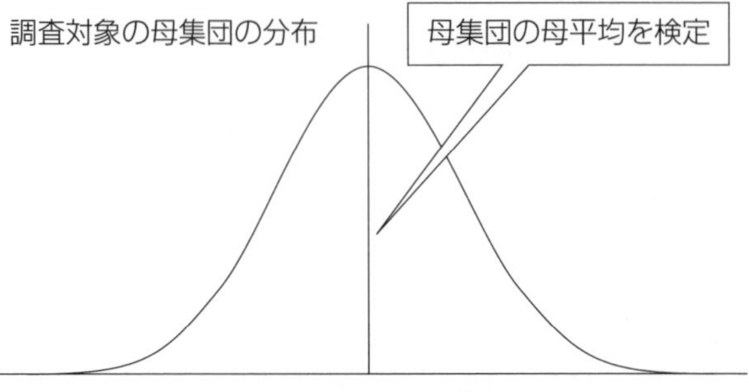

図 9.2　母平均の検定

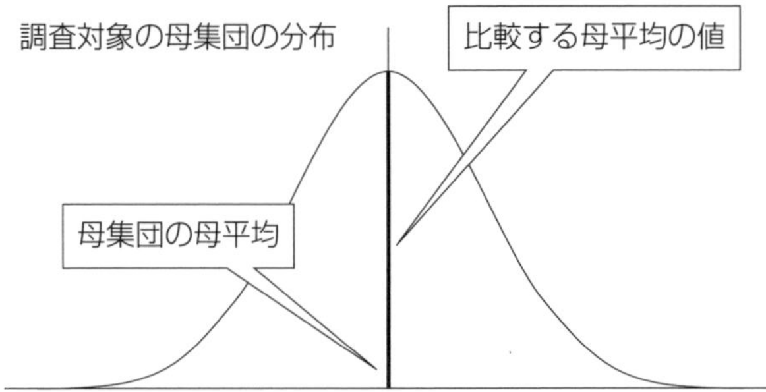

帰無仮説：母集団の母平均は比較する母平均の値に等しい

図 9.3　帰無仮説

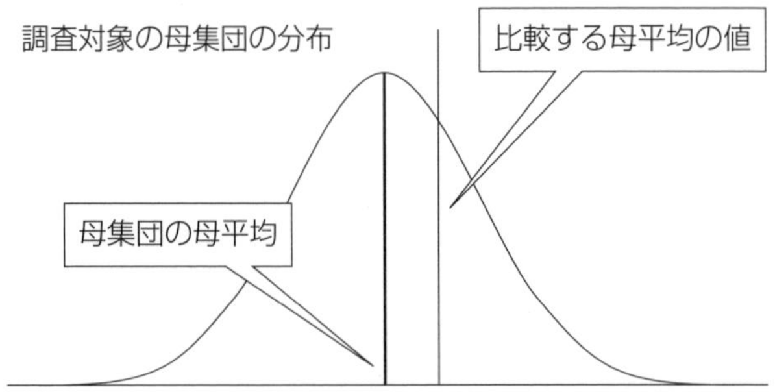

対立仮説①：母集団の母平均は比較する母平均の値と等しくない
（大きい場合も小さい場合もある）

図 9.4　対立仮説①

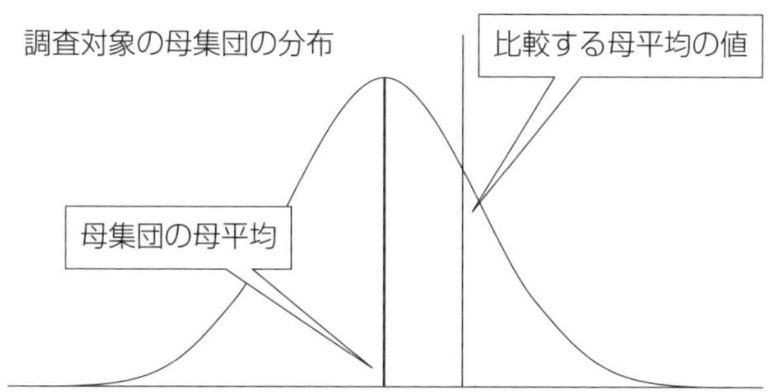

図 9.5　対立仮説②

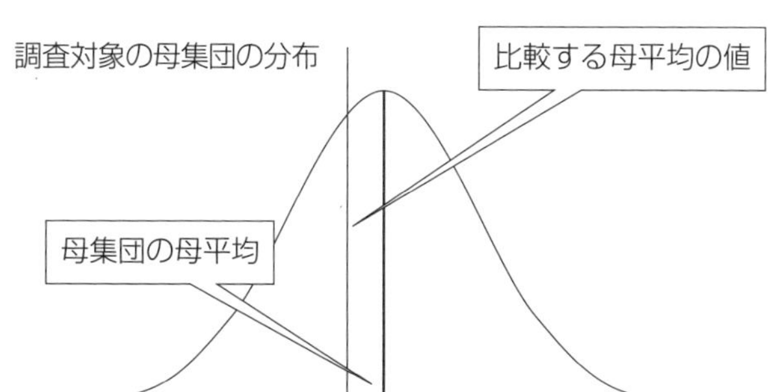

図 9.6　対立仮説③

例：現状の工程で生産されている部品からランダムに部品を 30 個採取して隙間の寸法 K を測定しました．

そして，以下のように仮説を設定しました．

帰無仮説：現状の工程で製造している部品の隙間の寸法 K の母平均は，お客様に指定されている値(比較する母平均)と等しい．

対立仮説は以下の 3 種が考えられますが，隙間は小さいほうがよいので，小さくなっていることを期待して対立仮説②としました．

対立仮説①：現状の工程で製造している部品の隙間の寸法 K の母平均は，お客様に指定されている値(比較する母平均)と異なる．

対立仮説②：現状の工程で製造している部品の隙間の寸法 K の母平均は，お客様に指定されている値(比較する母平均)より小さい.
対立仮説③：現状の工程で製造している部品の隙間の寸法 K の母平均は，お客様に指定されている値(比較する母平均)より大きい.
有意水準は 5% としました.

(3)　どう調べる

1)　**サンプルのデータの平均値**, **サンプルのデータの不偏分散**を求める.

2)　**サンプルのデータの平均値**は**サンプルの数**と**サンプルのデータの不偏分散**とで決まる t 分布に従うので，有意水準に応じた棄却域を設定する.

＊選択した対立仮説によって棄却域が異なる.

3)　**サンプルのデータの平均値**は**サンプルの数**と**サンプルのデータの不偏分散**から，検定のための統計量である t 分布の値を計算する.

検定統計量 t は,

$$\textbf{検定統計量}\ t=\frac{(\text{サンプルのデータの平均値})-(\text{母平均の値})}{\sqrt{(\text{サンプルのデータの不偏分散})/(\text{サンプルの数})}}$$

であるので，これの値が t 分布の上側 2.5% 点以上および下側 2.5% 以下である確率は 5%，下側 5% 点以下である確率は 5%，上側 5% 点以上である確率は 5% なので，対立仮説は以下となる.

対立仮説①：「比較する母平均の値と等しくない」の場合
上側 2.5% 点 t 以上および下側 2.5% 以下を棄却域にする.
対立仮説②：「比較する母平均の値より小さい」の場合
下側 5% 点を棄却域にする.
対立仮説③：「比較する母平均の値より大きい」の場合
上側 5% 点を棄却域にする.

4)　求めた統計量の値と棄却域を比較して仮説の正誤を判断する．すなわち棄却域に入れば対立仮説が正しいと判断する.

例：得られた 30 個のデータから平均値と不偏分散を計算して検定統計量 t を求めて，棄却域と比較しました．

(4)　わかること

対立仮説に応じて以下のことがわかる．

対立仮説①：「比較する母平均の値と等しくない」の場合

知りたい母集団の母平均は比較する母平均の値と等しくないといえるかどうか．

対立仮説②：「比較する母平均の値より小さい」の場合

知りたい母集団の母平均はある値より小さいといえるかどうか．

対立仮説③：「比較する母平均の値より大きい」の場合

知りたい母集団の母平均はある値より大きいといえるかどうか．

例：検定統計量 t の値と棄却域とを比較したところ，棄却域に入ったので，現状の工程で製造している部品の隙間の寸法 K の母平均は，お客様に指定されている値（比較する母平均）より小さいと判断しました．

9.3　１つの母集団の母分散の推定

こんな場面で使う

自動車部品を製造しており，お客様からの要望によって，ある部品の強度 M のばらつきが重要である．

- 現状の工程で製造している部品の強度 M の母分散を知りたい．

(1) 調べたいこと

知りたい１つの母集団の母分散を推定したい(**図 9.7**).

> 例：現状の工程で製造している部品の強度 M の母分散を調べたい.

(2) まずやること

1) 母集団からサンプルの数を決めてサンプルをランダムに採取してデータを得る.
2) 信頼率を決める.

> 例：現状の工程で製造している部品からランダムに 20 個採取して強度 M を測定しました. 信頼率は 95% としました.

(3) どう調べる

1) **サンプルのデータの平均値**, **サンプルのデータの偏差平方和**, **サンプルのデータの不偏分散**を求める.
2) 母分散の点推定値は**サンプルのデータの不偏分散**となる.
3) **サンプルのデータの偏差平方和**は**サンプルの数**と **母分散** とで決

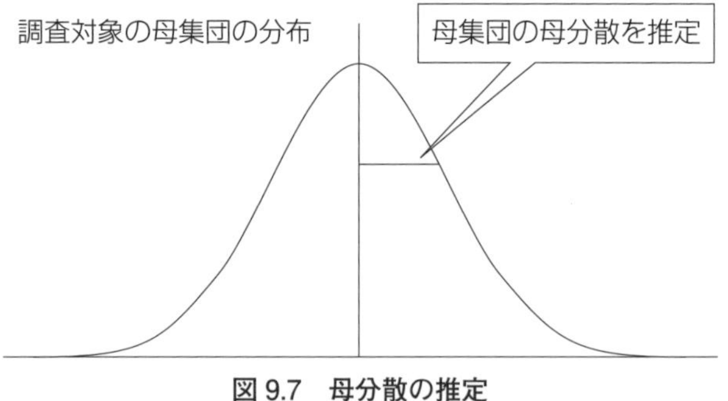

図 9.7　母分散の推定

まるカイ二乗分布に従うので，信頼率に応じたカイ二乗分布の値を求めて信頼区間を求める．

信頼率 95% の信頼区間の求め方は以下のようになる．**検定統計量カイ二乗**は，

$$\text{検定統計量カイ二乗} = \frac{\text{（サンプルのデータの偏差平方和）}}{\text{（母分散の値）}}$$

であるので，この値が，カイ二乗分布の上側 2.5% 点と下側 2.5% 点の間にある確率は 95% であるので，

$$\text{下側 2.5\% 点} < \frac{\text{（サンプルのデータの偏差平方和）}}{\text{（母分散の値）}} < \text{上側 2.5\% 点}$$

から，

$$\frac{\text{（サンプルのデータの偏差平方和）}}{\text{上側 2.5\% 点}} < \text{（母分散の値）} < \frac{\text{（サンプルのデータの偏差平方和）}}{\text{下側 2.5\% 点}}$$

となる．

> 例：得られた 20 個のデータから平均値と偏差平方和と不偏分散を計算して母分散の点推定値を求め，さらに区間推定を行いました．

(4)　わかること

知りたい母集団の母分散の点推定値と信頼率に応じた信頼区間がわかる．

> 例：現状の強度 M のばらつき（母分散）を確認できました．

9.4　1つの母集団の母分散の検定

こんな場面で使う

自動車部品を製造しており，お客様からの要望によってある部品の強度Mのばらつきが重要である．

- 現状の工程で製造している部品の強度Mの母分散は，お客様に指定されている値に対してどうなっているのか知りたい．

(1)　調べたいこと

知りたい1つの母集団の母分散が比較する母分散の値と等しいかどうかを判断したい(**図9.8**)．

例：部品の強度Mの母分散は，お客様に指定されている値に対してどうなっているのか知りたい．

(2)　まずやること

1)　母集団からサンプルの数を決めてサンプルをランダムに採取してデータを得る．

2)　仮説を立てる．

帰無仮説は「比較する母分散の値に等しい」とする(**図9.9**)．

対立仮説は以下の3種類(**図9.10～図9.12**)が考えられるので，自分が期待するものを選ぶ．

対立仮説①：比較する母分散の値と等しくない．

対立仮説②：比較する母分散の値より小さい．

対立仮説③：「比較する母分散の値より大きい．

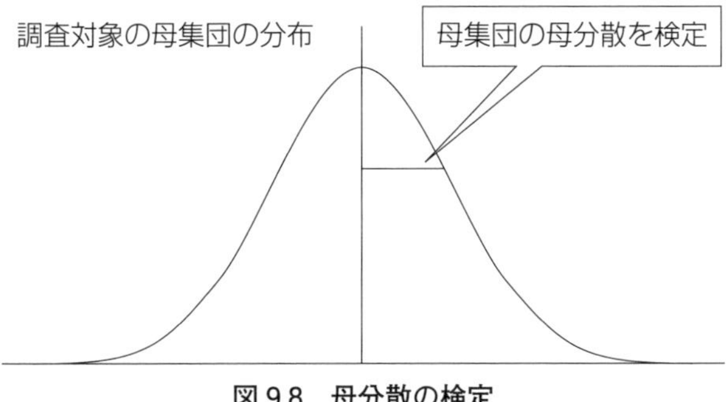

図 9.8　母分散の検定

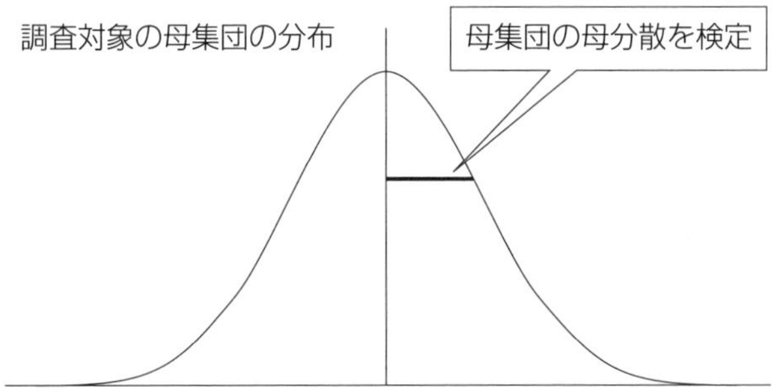

帰無仮説：母集団の母分散は比較する母分散の値に等しい

図 9.9　帰無仮説

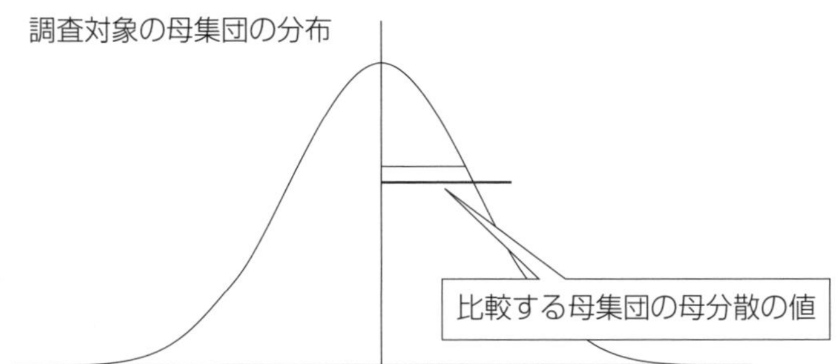

対立仮説①：母集団の母平均は比較する母分散の値と等しくない
（大きい場合も小さい場合もある）

図 9.10　対立仮説①

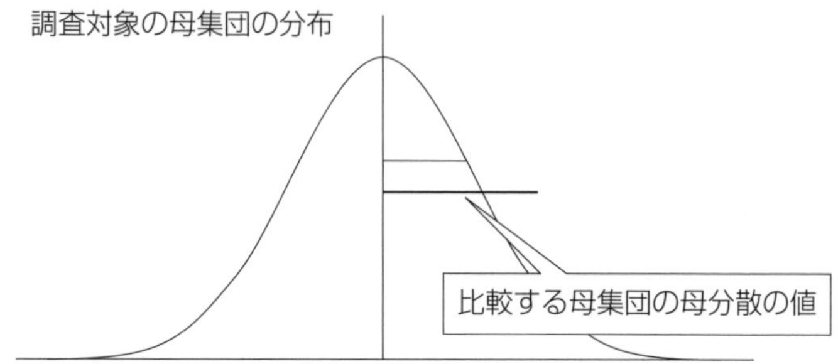

対立仮説②：母集団の母平均は比較する母分散の値より小さい

図 9.11　対立仮説②

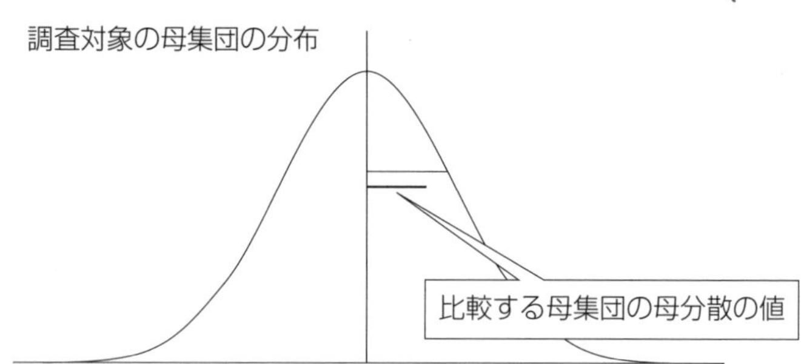

対立仮説③：母集団の母平均は比較する母分散の値より大きい

図 9.12　対立仮説③

3)　有意水準を決める.

例：現状の工程で製造している部品からランダムに 20 個採取して強度 M を測定しました.

仮説は，以下のように設定しました.

帰無仮説：現状の工程で製造している部品の強度 M の母分散は，お客様に指定されている値(比較する母分散)と等しい.

対立仮説は以下の 3 種が考えられますが，強度のばらつきは小さいほうがよいので，小さくなっていることを期待して対立仮説②としました.

対立仮説①：現状の工程で製造している部品の強度 M の母分散は，お客様に指定されている値(比較する母分散)と異なる.

対立仮説②：現状の工程で製造している部品の強度Mの母分散は，お客様に指定されている値（比較する母分散）より小さい．
対立仮説③：現状の工程で製造している部品の強度Mの母分散は，お客様に指定されている値（比較する母分散）より大きい．
有意水準は5%としました．

(3)　どう調べる

1)　**サンプルのデータの平均値**，**サンプルのデータの偏差平方和**，**サンプルのデータの不偏分散**を求める．

2)　**サンプルのデータの偏差平方和**は**サンプルの数**と**母分散**とで決まるカイ二乗分布に従うので，有意水準に応じた棄却域を設定する．
＊選択した対立仮説によって棄却域が異なる．

3)　**サンプルのデータの偏差平方和**は**サンプルの数**と**母分散**から検定のための統計量であるカイ二乗分布の値を計算する．

検定統計量カイ二乗は，

$$\text{検定統計量カイ二乗}=\frac{\text{（サンプルのデータの偏差平方和）}}{\text{（比較する母分散の値）}}$$

であるので，これの値がカイ二乗分布の，
上側2.5%点以上および下側2.5%以下である確率は5%，
下側5%点以下である確率は5%，
上側5%点以上である確率は5%
なので，対立仮説が
対立仮説①：「比較する母分散の値と等しくない」の場合
上側2.5%点以上および下側2.5%以下を棄却域にする．
対立仮説②：「比較する母分散の値より小さい」の場合
下側5%点を棄却域にする．
対立仮説③：「比較する母分散の値より大きい」の場合

上側 5% 点を棄却域にする.

4) 求めた統計量の値と棄却域を比較して仮説の正誤を判断する. すなわち棄却域に入れば対立仮説が正しいと判断する.

> 例：得られた 20 個のデータから平均値と偏差平方和と不偏分散を計算して検定統計量カイ二乗を求め, 棄却域と比較しました.

(4) わかること

対立仮説に応じて以下のことがわかる.

対立仮説①:「比較する母分散の値と等しくない」とした場合

知りたい母集団の母分散は比較する母分散の値と等しくないといえるかどうか.

対立仮説②:「比較する母分散の値より小さい」とした場合

知りたい母集団の母分散は比較する母分散の値より小さいといえるかどうか.

対立仮説③:「比較する母分散の値より大きい」とした場合

知りたい母集団の母分散は比較する母分散の値より大きいといえるかどうか.

> 例：検定統計量カイ二乗の値と棄却域とを比較したところ, 棄却域には入らなかったので,「現状の工程で製造している部品の強度 M の母分散は, お客様に指定されている値(比較する母分散)より小さいとはいえない」と判断しました.

9.5　2つの母集団の母平均の差の推定

> **こんな場面で使う**
>
> 2つのラインで，同じ容器を製造している．
>
> • それぞれのライン A，B で製造される容器の内容積の母平均の差を知りたい．

(1)　調べたいこと

知りたい2つの母集団の母平均の差を推定したい(**図 9.13**)．

> 例：ライン A とライン B の容器の内容積の母平均の差を調べたい．

(2)　まずやること

1)　2つの母集団からそれぞれサンプルの数を決めてサンプルをランダムに採取してデータを得る．

2)　信頼率を決める．

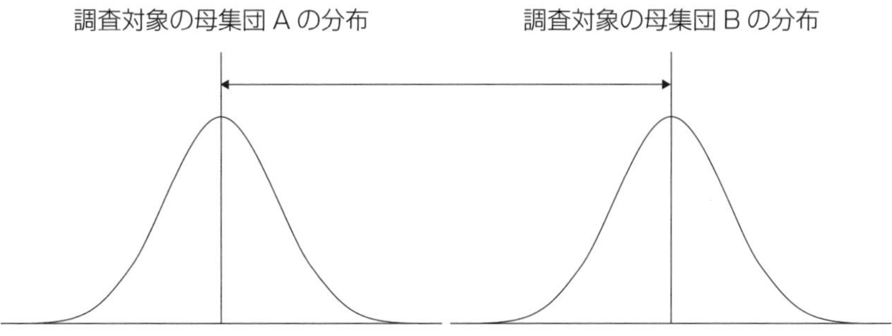

図 9.13　2つの母平均の差を推定

例：ラインAとラインBからそれぞれ容器を25個ずつランダムに採取して内容積を測定しました．信頼率は95%としました．

(3)　どう調べる

1)　2つの母集団それぞれの**サンプルのデータの平均値**，**サンプルのデータの不偏分散**を求める．

2)　**母平均の差**の点推定値は2つの母集団の**サンプルのデータの平均値**の差となる．

3)　2つの母集団の**サンプルのデータの平均値**は2つの母集団の**サンプルの数**と2つの母集団の**サンプルのデータの不偏分散**とで決まる t 分布に従うので，信頼率に応じた t 分布の値を求めて母平均の信頼区間を求める．

信頼率95%の信頼区間の求め方は以下のようになる．検定統計量 t は，

$$\text{検定統計量}\ t=\frac{(\text{母集団Aのサンプルのデータの平均値})-(\text{母集団Bのサンプルのデータの平均値})}{\sqrt{(\text{プールした不偏分散})\times\left(\dfrac{1}{(\text{母集団Aのサンプルの数})}+\dfrac{1}{(\text{母集団Bのサンプルの数})}\right)}}$$

ただし，

$$\text{プールした不偏分散}=\frac{(\text{母集団Aのサンプルのデータの偏差平方和})+(\text{母集団Bのサンプルのデータの偏差平方和})}{(\text{母集団Aのサンプルの数})+(\text{母集団Bのサンプルの数})-2}$$

であり，これの値が，t 分布の上側2.5%点と下側2.5%点の間にある確率は95%であるので，

$$\text{下側2.5\%点}<\frac{(\text{母集団Aのサンプルのデータの平均値})-(\text{母集団Bのサンプルのデータの平均値})}{\sqrt{(\text{プールした不偏分散})\times\left(\dfrac{1}{(\text{母集団Aのサンプルの数})}+\dfrac{1}{(\text{母集団Bのサンプルの数})}\right)}}$$
$$<\text{上側2.5\%点}$$

から，

$$(\text{母集団Aのサンプルのデータの平均値})-(\text{母集団Bのサンプルのデータの平均値})$$
$$+\text{下側2.5\%点}\times\sqrt{\text{プールした不偏分散}\times\left(\frac{1}{\text{母集団Aのサンプルの数}}+\frac{1}{\text{母集団Bのサンプルの数}}\right)}$$

< **母平均の差** <

$$（母集団Aのサンプルのデータの平均値）-（母集団Bのサンプルのデータの平均値）$$
$$+上側2.5\%点\times\sqrt{（プールした不偏分散）\times\left(\frac{1}{（母集団Aのサンプルの数）}+\frac{1}{（母集団Bのサンプルの数）}\right)}$$

となる．

> 例：得られた25個ずつのデータからラインごとに平均値と偏差平方和と不偏分散を計算して，母平均の差の点推定値を求め，さらに区間推定を行いました．

(4)　わかること

知りたい2つの母集団の母集団の母平均の差の点推定値と信頼率に応じた信頼区間がわかる．

> 例：信頼区間からラインの違いによる内容積の差は小さい値であり，無視できる差であると確認できました．

9.6　2つの母集団の母平均の差の検定

> **こんな場面で使う**
>
> 2つのラインで，同じ容器を製造している．
>
> - それぞれのラインA，Bで製造される容器の内容積の母平均の差がどうなっているのか知りたい．

(1)　調べたいこと

知りたい2つの母集団の母平均の差があるかどうかを判断したい(**図9.14**)．

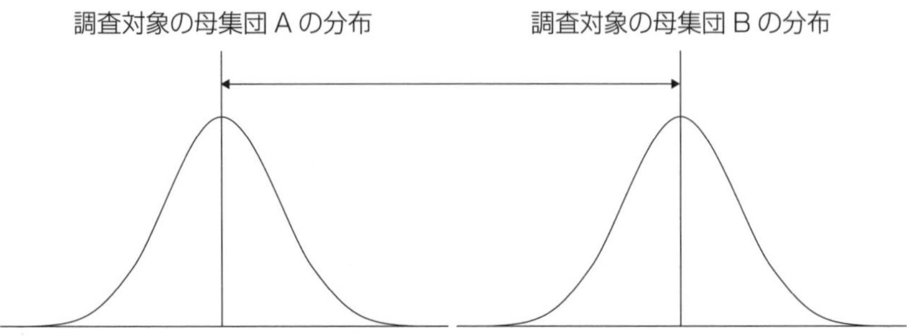

図 9.14　母平均の差の検定

> 例：ラインAとラインBの容器の内容積の母平均に差があるのかどうか調べたい.

(2)　まずやること

1)　2つの母集団からそれぞれサンプルの数を決めてサンプルをランダムに採取してデータを得る.

2)　仮説を立てる.

帰無仮説は「2つの母平均は等しい」とする(**図 9.15**).

対立仮説は以下の3種類が考えられるので(**図 9.16**), 自分が期待するものを選ぶ.

対立仮説①：2つの母平均は等しくない.

対立仮説②：Aの母平均はBの母平均より大きい.

対立仮説③：Aの母平均はBの母平均より小さい.

3)　有意水準を決める.

> 例:ラインAとラインBからそれぞれ容器を25個ずつランダムに採取して内容積を測定しました.
> そして, 仮説を設定しました.
> 帰無仮説：ラインAとラインBの容器の内容積の母平均は等しい.

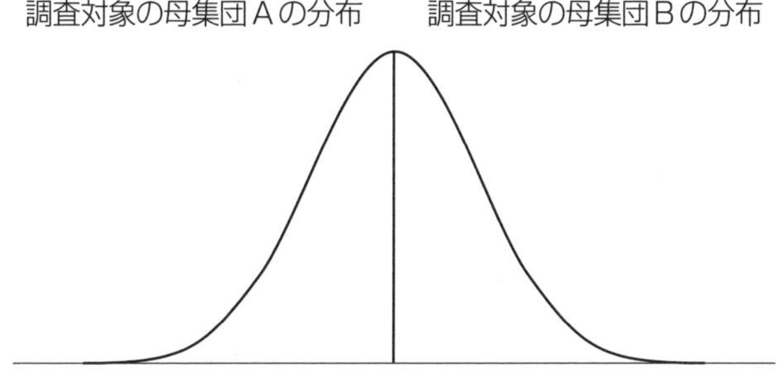

帰無仮説：2つの母集団の母平均は等しい

図 9.15　帰無仮説

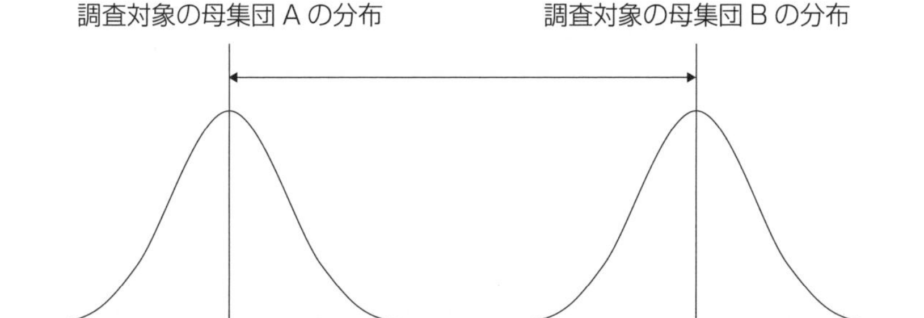

対立仮説：2つの母集団の母平均は等しくない(どちらかが大きいとする場合もある)

図 9.16　対立仮説

対立仮説は以下の 3 種類が考えられますが，最近，「ラインによって内容積に違いがあるのではないか」という指摘があったので，対立仮説①としました．

対立仮説①：ライン A とライン B の容器の内容積の母平均は等しくない．

対立仮説②：ライン A の容器の内容積の母平均はライン B の容器の内容積の母平均より大きい．

対立仮説③：ライン A の容器の内容積の母平均はライン B の容器の内容積の母平均より小さい．

有意水準は 5% としました．

(3) どう調べる

1) 2つの母集団それぞれの**サンプルのデータの平均値**，**サンプルのデータ**の**不偏分散**を求める．

2) 2つの母集団の**サンプルのデータの平均値**は2つの母集団の**サンプルの数**と2つの母集団の**サンプルのデータの不偏分散**とで決まるt分布に従うので，有意水準に応じた棄却域を設定する．

＊選択した対立仮説によって棄却域が異なる．

3) 2つの母集団の**サンプルのデータの平均値**は2つの母集団の**サンプルの数**と2つの母集団の**サンプルのデータの不偏分散**から検定のための統計量であるt分布の値を計算する．

検定統計量tは，

$$\text{検定統計量 } t=\frac{(\text{母集団 A のサンプルのデータの平均値})-(\text{母集団 B のサンプルのデータの平均値})}{\sqrt{(\text{プールした不偏分散})\times\left(\frac{1}{(\text{母集団 A のサンプルの数})}+\frac{1}{(\text{母集団 B のサンプルの数})}\right)}}$$

ただし，

$$\text{プールした不偏分散}=\frac{(\text{母集団 A のサンプルのデータの偏差平方和})+(\text{母集団 B のサンプルのデータの偏差平方和})}{(\text{母集団 A のサンプルの数})+(\text{母集団 B のサンプルの数})-2}$$

であるので，これの値がt分布の，

上側2.5%点以上および下側2.5%以下である確率は5%,

下側5%点以下である確率は5%,

上側5%点以上である確率は5%

なので，

対立仮説①：「2つの母平均は等しくない」の場合

上側2.5%点以上および下側2.5%以下を棄却域にする．

対立仮説②：「Aの母平均はBの母平均より大きい」の場合

上側5%点を棄却域にする．

対立仮説③：「Aの母平均はBの母平均より小さい」の場合

下側5%点を棄却域にする．

4)　求めた統計量の値と棄却域を比較して仮説の正誤を判断する．

> 例：得られた25個ずつのデータからラインごとに平均値と偏差平方和と不偏分散を計算して検定統計量 t を求めて棄却域と比較しました．

(4)　わかること

対立仮説に応じて以下のことがわかる．

対立仮説①：「2つの母平均は等しくない」の場合

知りたい2つの母集団の母平均の差はあるといえるかどうか．

対立仮説②：「Aの母平均はBの母平均より大きい」の場合

知りたい2つの母集団の母平均はAの母平均が大きいといえるかどうか．

対立仮説③：「Aの母平均はBの母平均より小さい」の場合

知りたい2つの母集団の母平均はAの母平均が小さいといえるかどうか．

> 例：検定統計量 t の値と棄却域とを比較したところ，棄却域には入らなかったので，「ラインAとラインBの容器の内容積の母平均は等しくないとはいえない」と判断しました．

9.7　2つの母集団の母分散の比の検定

2つの母集団の母分散の違いに関する検定や推定は，以下に示すような状況で使われることはあまり多くありません．しかし第11章以降の実験計画法や回帰分析で使われる「分散分析」という手法は，実は「母分散の比の検定」そのものです．したがって，ここでは母分散の比の検定の考え方を学んでください．

こんな場面で使う

2つのラインで，同じ容器を製造している．

• それぞれのライン A，B で製造される容器の内容積の母分散がどうなっているのか知りたい．

(1) 調べたいこと

知りたい2つの母集団の母分散に違いがあるかのどうかを判断したい(**図 9.17**)．

例：ライン A とライン B の容器の内容積の母分散に違いがあるのかどうか調べたい．

(2) まずやること

1) 2つの母集団からそれぞれサンプルの数を決めてサンプルをランダムにとってデータを得る．

2) 仮説を立てる．

帰無仮説は「2つの母分散は等しい」とする(**図 9.18**)．

対立仮説は以下の3種類考えられるので，自分が期待するものを選ぶ(**図 9.19**)．

対立仮説①：2つの母分散は等しくない．

対立仮説②：A の母分散は B の母分散より大きい．

対立仮説③：A の母分散は B の母分散より小さい．

3) 有意水準を決める．

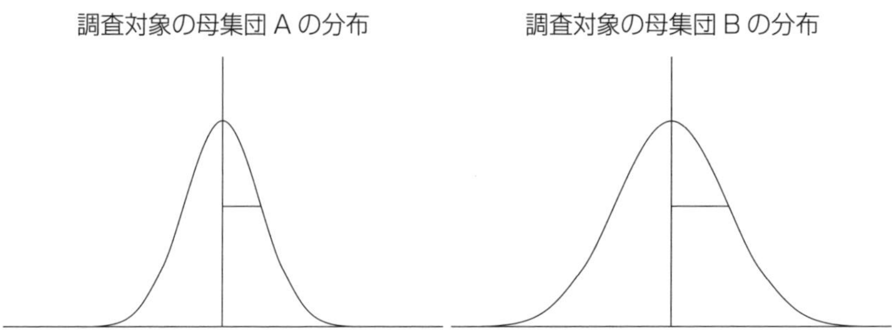

図 9.17　2 つの母分散の違いを検定

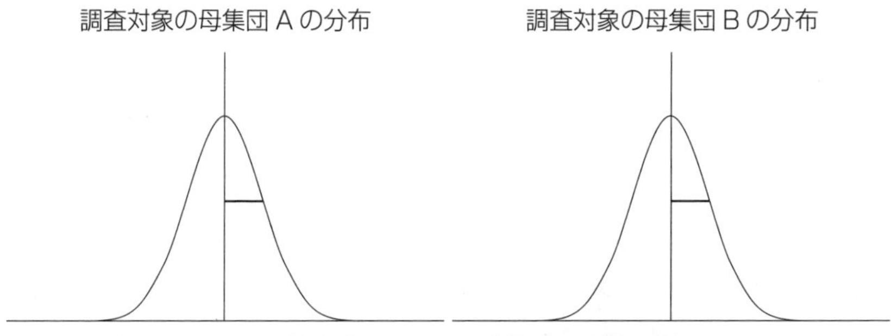

図 9.18　帰無仮説：2 つの母集団の母分散は等しい

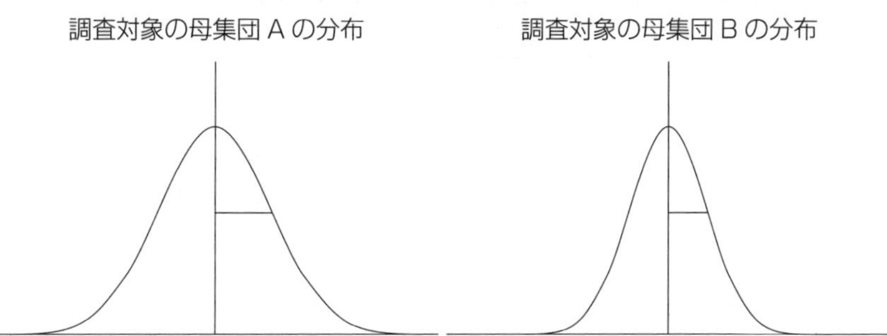

図 9.19　対立仮説：2 つの母集団の母分散は等しくない

例：ラインＡとラインＢからそれぞれ容器を40個ずつランダムに採取して内容積を測定しました.

仮説を設定しました.

帰無仮説：ラインＡとラインＢの容器の内容積の母分散は等しい.

対立仮説は以下の３種類が考えられますが，最近，「製品全体のばらつきが大きくなっており，特にラインＡのばらつきが大きいのではないか」という指摘があるので対立仮説②としました.

対立仮説①：ラインＡとラインＢの容器の内容積の母分散は等しくない.

対立仮説②：ラインＡの容器の内容積の母分散はラインＢの容器の内容積の母分散より大きい.

対立仮説③：ラインＡの容器の内容積の母分散はラインＢの容器の内容積の母分散より小さい.

有意水準は5%としました.

(3)　どう調べる

1)　2つの母集団それぞれの**サンプルのデータの不偏分散**を求める.

2)　2つの母集団の**サンプルのデータの不偏分散**の比は2つの母集団の**サンプルの数**，**自由度**で決まるF分布に従うので，有意水準に応じた棄却域を設定する.

　＊選択した対立仮説によって棄却域が異なる.

3)　2つの母集団の**サンプルのデータの不偏分散**の比から検定のための統計量であるF分布の値を計算する.

検定統計量Fは，

$$\text{検定統計量}\ F=\frac{\text{（母集団Aのサンプルのデータの不偏分散）}}{\text{（母集団Bのサンプルのデータの不偏分散）}}$$

であるので，これの値がF分布の，

上側2.5%点以上および下側2.5%以下である確率は5%,

下側5%点以下である確率は5%,

上側5%点以上である確率は5%

なので，

対立仮説①「2つの母分散は等しくない」の場合

上側2.5%点以上および下側2.5%以下を棄却域にする．

対立仮説②：「Aの母分散はBの母分散より大きい」の場合

上側5%点を棄却域にする．

対立仮説③：「Aの母分散はBの母分散より小さい」の場合

下側5%点を棄却域にする．

4)　求めた統計量の値と棄却域を比較して仮説の正誤を判断する．

例：得られた40個ずつのデータからラインごとに不偏分散を計算して検定統計量Fを求めて棄却域と比較しました．

(4)　わかること

対立仮説に応じて以下のことがわかる．

対立仮説①：「2つの母分散は等しくない」の場合

知りたい2つの母集団の母分散は等しくないといえるかどうか．

対立仮説②：「Aの母分散はBの母分散より大きい」の場合

知りたい2つの母集団の母分散はAの母分散が大きいといえるかどうか．

対立仮説③：「Aの母分散はBの母分散より小さい」の場合

知りたい2つの母集団の母分散はAの母分散が小さいといえるかどうか．

例：検定統計量Fの値と棄却域とを比較したところ，棄却域に入ったので，「ラインAの容器の内容積の母分散はラインBの容器の内容積の母分散より大きい」と判断して，早急にラインAのばらつき低減に取り組むことにしました．

ここまで何度も説明したように，9.1 節から 9.7 節のいずれの場合も，「(3)　どう調べる」の面倒な手順や計算は統計ソフトを使えばよく，「(1)　調べたいこと」，「(2)　まずやること」，「(4)　わかること」について十分理解をして解析を行うことが重要です．

第 10 章
時間によって変わる母平均に関する結論を出そう

10.1　管理図

さて，母集団の母平均や母分散に関する検定・推定を学びました．次は，母平均の検定の延長線上にある統計的方法の一つである「管理図」という手法です．管理図は，母平均の時間の経過に伴う変化があるのかどうかを検定するものです．私たちの知りたい母集団は，時間とともに母平均や母分散が変化することがあります．このとき，時間というのは文字どおりの時間だけではなく，日や月といった長い期間の流れを考えます．同じものを作っていても，気温や湿度の影響などで日によってできばえに違いがあることはだれもが経験することです．

もちろん，**第 9 章**で学んだように，異なる 2 つの日に製造された製品の特性値の母集団について，2 つの母平均の差の検定を行うことは可能です．しかし，いちいち日ごとに検定を行うことは大変面倒ですし，できれば連続した日をまとめて検定したいと考えます．これができるのが管理図です．管理図の基本形は横軸に時間の推移をとった折れ線グラフです．

管理図の成り立ちや基本的な仕組みを以下に示します．

①　例えば日による変化を知りたい場合，日を群とします．

②　群ごとの母平均に違いがないかの検定を行います．このとき，帰無仮説は群ごとの母平均はすべて等しい，となります．

帰無仮説が正しければ，群が変わっても，すなわち日が変わっても母平均は変化しないということになります．

③　検定の棄却域は，**平均±3 標準偏差**に設定します．つまり，有意水準は約 0.3% と小さく設定されることになります．**第 5 章**の正規分布の確率で触れたように，**平均±3 標準偏差**から外れる確率はたった 0.3% に過ぎません．

④　棄却域は，折れ線グラフに管理限界線という直線を引くことに

よって示します．管理限界線は中心線とともに管理線といい，管理線の計算方法は管理図の種類によって定められています．

⑤　群ごとに所定の数(これを群の大きさという)のサンプルを採取して，群ごとの**サンプルのデータの平均値**や**サンプルのデータの範囲**を求めて，これを折れ線グラフに打点します．

⑥　⑤の打点が管理限界線の外に出た場合は「有意である」，すなわち「その群の母平均は他の群の母平均とは異なる」と判断します．③で述べたように，打点が管理限界線の外に出る確率は0.3％しかありませんので，偶然ではなく確実に何らかの理由があると判断します．

⑦　⑥で管理限界線の外に点が出た場合，工程が安定していないと判断します．

第9章の例のような検定(有意水準が5％)とは異なり，管理図では有意水準が約0.3％と小さい値に設定されていることが特徴です．

この理由はいくつか考えられますが，1つは，そもそも群が違っても母平均が同じであること，すなわち工程が安定していることを期待しているわけですから，やたらに有意になっては困るということです．

さらに有意になれば，何がしかの対応をする必要があるので，変に振り回されたくないということもあります．

逆に，管理限界線の外に点が出れば，工程に異常が生じているのはほぼ確実ですので，適切な対応が求められます．

以上をまとめると，管理図とは「時間の推移とともに生じる母平均の違いを都度検定するための折れ線グラフ」ということになります(**図10.1**)．また，検定ですので有意水準がつきものですが，一般的な検定の有意水準である5％と比べて，非常に小さい値である0.3％に設定されています．したがって，管理限界線(検定の棄却域にあたる)の外に点が出た場合(検定における有意の状態)はほぼ確実に母平均が変化している(工程に異常が生じている)と判断して，適切な対応を行う必要がある，と

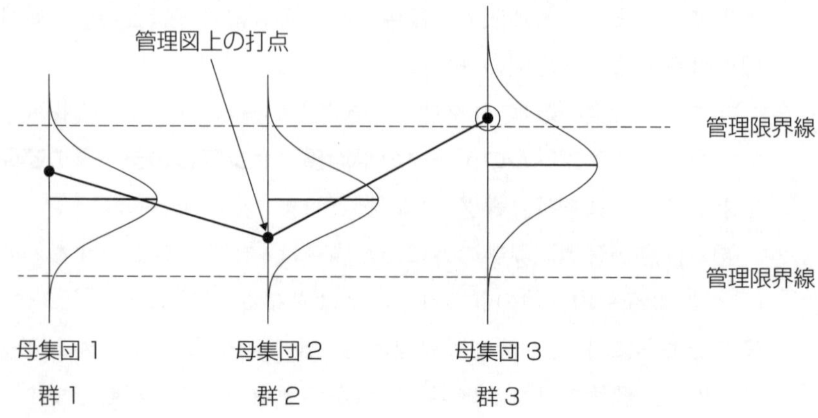

＊群３の打点が管理限界線の外に出ているので，母集団の母平均は他とは異なると判断する.

図 10.1　管理図の仕組み

いうことになります.

管理図の種類には，調べる対象や知りたいことによってさまざまなものがありますが，ここでは，代表的な管理図として，$\overline{X}$-R 管理図と p 管理図を紹介します.

特に $\overline{X}$-R 管理図は「管理図中の管理図」や「管理図の王様」といった存在であり，計量値という私たちが扱う機会が最も多いデータに対して適用されます．計量値は，はかる(測る，量る)ことによって得られるデータで，連続していることが特徴です．長さ，質量，時間など通常測定されるデータのほとんどは計量値であるといっても過言ではありません.

一方，不良品の数や不良率といった個数を数えて得られる値を計数値といいます．計数値の管理図として代表的な p 管理図についても簡単に紹介します.

10.2　$\overline{X}$-R 管理図による解析

「$\overline{X}$-R 管理図」は，計量値といわれる質量，長さなどの連続した値に適用されます．以下に $\overline{X}$-R 管理図の使い方を示します．

こんな場面で使う

アルコール飲料用のガラス容器を製造しており，その重量が重要な特性である．

- 日々製造される容器の重量は安定しているかどうか知りたい．

(1)　調べたいこと

群ごとの母平均が同じであるかどうかを検定することで，知りたい工程が安定しているかどうかを判断する．

例：ガラス容器の重量が日が変わることで変化していないか知りたい．

(2)　まずやること

1)　群の構成を考える．群の中はばらつきが小さいことが望ましい．日やロットを群とすることが多い．

2)　各群のサンプルの数(群の大きさ)を決めて各群からそれぞれサンプルをランダムに採取してデータを得る．群の大きさは3〜5に，群の数は20〜30程度とする．したがって，

データの総数＝(群の大きさ)×(群の数)

となる．

3)　帰無仮説は「群ごとの母平均は等しい」，対立仮説は「母平均の異なる群がある」となる．

4) 有意水準は，約 0.3% となる．

> 例：最近，ガラス容器の重量が小さいものや大きなものが混じっているという苦情があったので，30 日間にわたって，1 日あたり 4 本の容器をランダムに採取して重量を測定しました．したがって，群の大きさは 4 で群の数は 30 となります．

(3) どう調べる

1) 各群のサンプルから群ごとに**サンプルのデータの平均値**や**サンプルのデータの範囲**を求めて，それぞれ $\overline{X}$ 管理図，R 管理図に打点する(**図 10.2**)．
2) **サンプルのデータの総平均値，サンプルのデータの範囲の平均値，群の大きさ**から，中心線や管理限界線の管理線を計算してそれぞれの管理図に記入する．
3) 打点が管理限界線の外に出ていないかどうかを判定する．

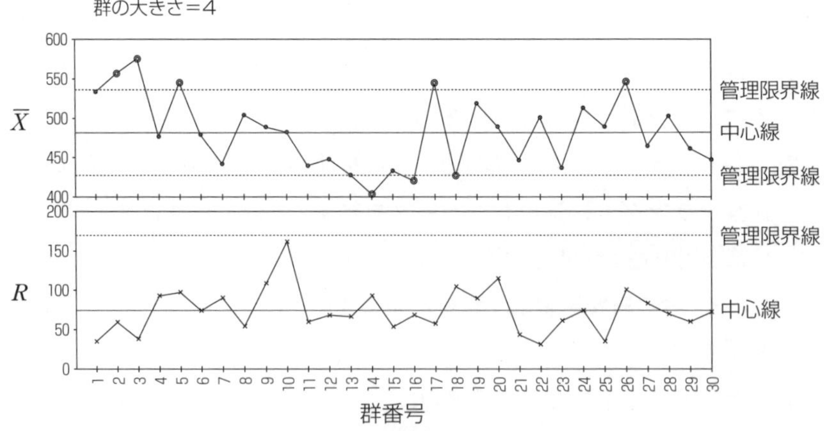

図 10.2　$\overline{X}$-R 管理図

例：得られたデータを打点して管理線を計算して図 10.2 の $\overline{X}$-R 管理図を作成しました．管理限界線を外れた点にマークをつけました．

(4)　わかること

各打点が管理限界線の中にあれば，工程は安定していると判断できる．

例：$\overline{X}$-R 管理図から多くの群で管理限界外の点が見られました．したがって，工程は安定していないことがわかりました．早急に変動を小さくする対応が必要です．

10.3　p 管理図による解析

計数値といわれる不良率などに適用される p 管理図について，その使い方を示します．

こんな場面で使う

食品用のプラスチック容器を製造している．お客様から外観不良の指摘があった．

- 日々のプラスチック容器の外観不良率は安定しているかどうか知りたい．

(1)　調べたいこと

群ごとの母不良率が同じであるかどうかを検定することで，知りたい工程が安定しているかどうかを判断する．

(2) まずやること

1) 群の構成を考える. 群の中はばらつきが小さいことが望ましい. 日やロットを群とすることが多い.

2) 各群のサンプルの数(群の大きさ)を決めて各群からそれぞれサンプルをランダムに採取して群ごとの不良品の数などを数える. 群の数は20〜30程度とする.

3) 帰無仮説は「群ごとの母不良率は等しい」, 対立仮説は「母不良率の異なる群がある」となる. 有意水準は約0.3%である.

(3) どう調べる

1) 各群のサンプルから群ごとの不良品の数から不良率を求めて, p 管理図に打点する.

2) **平均不良率**, **群の大きさ**から, 中心線や管理限界線の管理線を計算して管理図に記入する.

3) 打点が管理限界線の外に出ていないかどうかを判定する.

(4) わかること

各打点が管理限界線の中にあれば工程は安定していると判断できる.

p 管理図の例を**図10.3**に示します.

実は, この p 管理図は不良率の管理図ではありません. NHKが調査の都度に公表しているデータ(https://www.nhk.or.jp/senkyo/shijiritsu/ 2021年12月28日閲覧)から作成した「内閣支持率」の管理図です.

この例のように「良, 不良」や「支持, 不支持」「勝ち, 負け」のような2つに分けることのできるデータであれば, p 管理図を適用することができます. 本調査で, サンプルの数は1,000〜1,500程度で調査ごとに異なりますが, 簡単に考えるためにすべてサンプルの数すなわち群の大

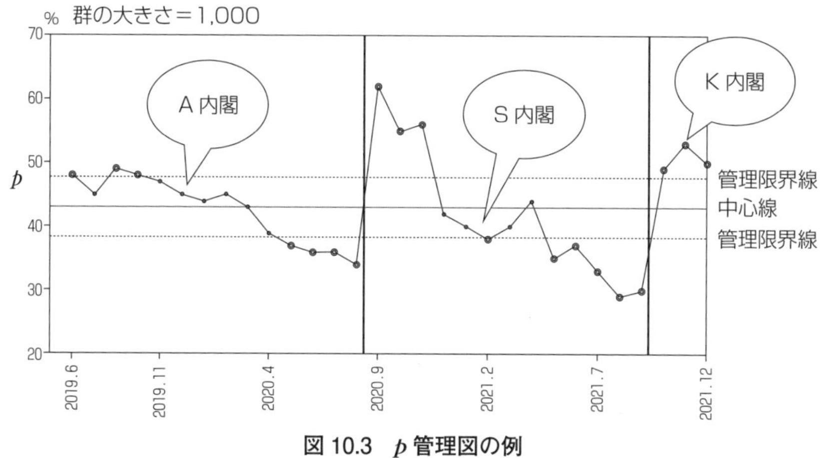

図 10.3　p 管理図の例

きさを 1,000 として計算しています．

2019 年 6 月から 2021 年 12 月までのデータですので，その間 2 回首相が交代しています．図 10.3 の縦線で表しているタイミングです．

よくわかるのは，在任期間末期には支持率は連続して低下し，首相交代と同時に支持率は跳ね上がります．当然ですが，「支持率」が長期にわたって安定しているとはいえませんね．支持率が高いことは，内閣や与党にとってよいことなのですが，ここでいう安定とは，「統計的に安定していない」状態をいいます．したがって，支持率が高すぎる場合も「統計的に安定していない」とします．

管理図においても，「(3)　どう調べる」の面倒な手順や計算は統計ソフトを使えばよく，「(1)　調べたいこと」，「(2)　まずやること」，「(4)　わかること」について十分理解をして解析を行うことが重要です．

第11章
原因となるものの効果によって変わる母平均に関する結論を出そう

11.1　実験計画法

さて，**第9章**では，2つまでの母集団の母平均の差の推定や検定を学びました．では，知りたい母集団が同時に3つ以上あった場合はどうしたらよいのでしょうか．これに応えてくれる統計的方法が「実験計画法」です．すなわち，実験計画法は3つ以上(2つでもかまいません)の母集団の母平均の違いを検定する手法であるといえます．

もう1つ，実験計画法の重要な特徴があります．**第8章**と**第9章**では，母集団の母平均の差などについて，差があるかどうか，また差がどれくらいかを知ることはできましたが，その差がどのような原因によるものかについては明らかではありませんでした．それを知りたい場合は，その後の解析にゆだねることになります．実験計画法では，母平均に影響を及ぼす原因(要因や因子と呼びます)を同時に考えます．これが実験計画法の目的であり特徴です．

要因の影響を見るためには，その条件を変えて試してみる「実験」を行う必要があります．

例をあげます．合板を製造しているA社では最近，合板の強度不足が指摘されたので，加工後の乾燥時間を10時間，20時間，30時間と変えた場合の合板の強度を比べてみることにしました．乾燥時間を「要因」と考え，乾燥時間を段階的に変えています．この段階を「水準」といい，ここでは3段階に変えていますので，水準の段階の数は3ということになり，これを「水準数」といいます．

さらに，母平均の検定で1つの母集団から複数個のサンプルをとったのと同じように，同じ水準の条件で複数回の実験を行います．これを「繰返し」といいます．例えば，10時間の乾燥で3回製造，20時間の乾燥で3回製造，30時間の乾燥で3回製造したとすると，繰返し数は3ということになります．つまり，**水準数×繰返し数＝総実験回数**ですので，合

計 **3×3=9 回**の実験を行っていることになります．この 9 回の実験の結果である 9 種類の合板の強度から，乾燥時間が異なる 3 つの母集団について強度の母平均に違いがあるかどうかを調べる，すなわち 3 つの母集団の母平均の違いを検定するわけです．

検定の結果 3 つの母平均に違いがあったと判断された場合，この例の場合でいうと，3 つの母集団はそれぞれ乾燥時間が異なるのですから，合板の強度には要因とした乾燥時間の影響がある，ということになります．これを要因の「効果」があったといいます．

このように，実験計画法は母集団の母平均の違いを検定しているのですが，その目的は，要因の効果があるかどうかを調べることにあるといえます．実験計画法は製造の現場だけではなく，新製品の開発や研究など幅広い分野で使われています．

要因は1つだけでなく2つ以上を同時に取り上げることができます．要因が 1 つの場合を一元配置実験，2 つの場合を二元配置実験といいます．もちろん，それ以上の多くの要因を取り上げることのできる実験計画法もあり，また目的や状況に応じて多くの種類の実験計画法が提案されています．

二元配置実験以上，すなわち複数の要因を同時に取り上げる場合，要因単独の効果の他に，複数の要因を組み合わせたことによる効果の有無についても調べることができます．前者を主効果，後者を交互作用効果といいます．

実験計画法の成り立ちや基本的な仕組みを以下に示します．

① 特性値に影響を及ぼす原因を要因として，要因の効果があるのかどうかを検討します．要因は複数個を同時に取り上げることもできます．

② 要因の効果は，水準と呼ばれる段階を設定して水準間で母平均に差があるかを検定を行って調べます．水準の段階の数を水準数とい

います．

③　要因の効果を主効果といい，要因を複数個取り上げたときに生じる要因の組合せの効果を交互作用効果といいます．

交互作用とは，**図 11.1** に示すように，主効果だけでは説明できない特性値の差を説明するために要因の組合せ効果を考えるものです．

④　同じ水準の条件下で複数回の実験を行います．これを繰返しといいます．繰返しで生じるばらつきを誤差といいます．

⑤　実験の順序も重要であり，原則として繰返しを含めたすべての実験をランダムな順序で行います．これは水準ごとの誤差の大きさを同じにして偏りをなくすためです．

⑥　**要因の効果の分散**と**誤差の分散**を比較することで，要因の効果の有無を判断します．

要因の効果の分散＝(要因の効果による変動)＋(誤差分散)

なので，**要因の効果の分散**と**誤差分散**の比をとって，**要因の効果の分散**がどれくらい**誤差の分散**より大きいかを見る，すなわち，

(要因の効果の分散)/(誤差分散)＝分散比

の値が大きくなれば，**要因の効果による変動**がある，すなわち要因

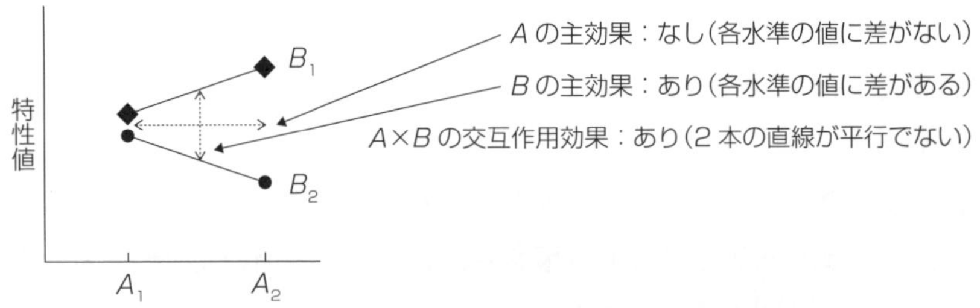

＊A の 2 つの水準である A_1 と A_2 を比べると，B_1 に固定した場合は A_2 が大きく B_2 に固定した場合は A_1 が大きくなっている．これは A の効果が B と組み合わされることによって変化していると解釈できる．このような要因の組合せの効果を交互作用効果という．

図 11.1　交互作用

の効果があると判断できます.

逆に，比が 1 に近くなる，すなわち**要因の効果**の**分散**と**誤差**の分散が大きく変わらない値だと，要因の効果がないと判断できます.

⑦　検定は，2 つの分散の比がそれぞれの自由度で決まる F 分布に従うので，有意水準に応じた棄却域を設定します(**9.7 節**参照).

⑧　統計量の値である分散の比を求めて棄却域と比較し，要因の効果の有無を判断します.

⑨　⑥〜⑧の検定は，分散分析という手法で行われ，結果を分散分析表と呼ばれる表にまとめます.

⑩　特定の水準における母平均の推定もできます．特性値が最も望ましい値となる水準での母平均の推定などが行われます．二元配置実験以上の場合には，複数の要因の水準を組み合わせた条件下での母平均の推定ができます.

実際の実験計画法の解析は，手計算で行うにはかなり厄介です(**図 11.2**)．仕組みを知るために一度は手計算で行うことには意味がありますが，それでも一元配置実験，二元配置実験まででしょう．重要なことは，実験計画法の仕組みをよく理解したうえで，実験の計画と実施がきちんとできる，解析結果をよく吟味して次の実験の計画などのアクションにつなげることです.

11.2　一元配置実験

実験計画法の中で最も基本となるものが一元配置実験です．1 つの要因だけを取り上げて，その効果を判断します．また，特定の水準における母平均の推定，すなわち最も望ましい値が得られる条件での母平均の推定などを行います.

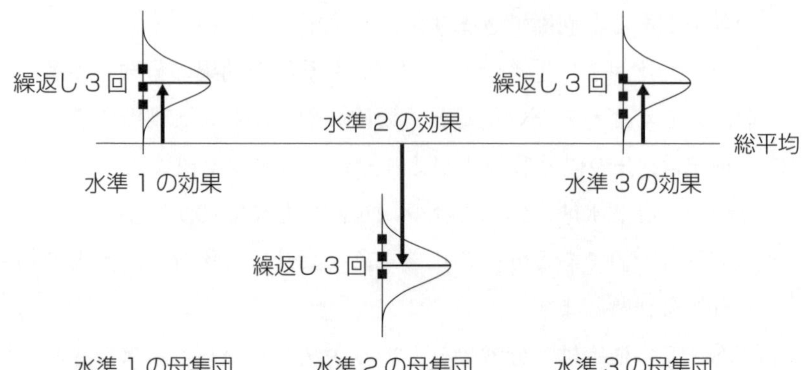

＊母集団が２つであれば母平均の差を考えればよいが，水準が３つ以上になるとそれができないので，総平均を考えて，総平均と水準ごとの平均との差を要因の効果と考える．総平均は効果の合計が０となるようにする．各水準の効果がすべて０であれば，（要因の効果による変動）がない，すなわち要因の効果がないとなる．この「各水準の効果がすべて０」は帰無仮説になる．対立仮説は「１つ以上の水準の効果は０でない」となり，検定結果が有意の場合に要因の効果があると判断する．検定は（要因の効果の分散）と（誤差分散）の大きさを比較して行う．

図 11.2　実験計画法の仕組み

こんな場面で使う

自動車部品に使う金属材料を製造しており，材料の強度を高めたいと考えている．

- 材料の強度には加工温度の影響があるといわれているので，それを確認したい
- 現状の加工温度が適当なのか，そうでないなら最適な加工温度を知りたい
- 最適な加工温度における材料の強度がどうなるか知りたい

(1) 調べたいこと

1) 特性値に影響を与えていると考えられる要因を 1 つだけ取り上げてその効果の有無を判断する.

2) 効果があった場合は, 最適な水準での母平均の推定も行う.

> 例：材料の強度 A に対する加工温度の影響があるのか, 最適な加工温度は何度なのか, そのときの強度の母平均を調べたい.

(2) まずやること

1) 要因の水準と水準数を決定する.

2) 繰返し数を決定する. 一元配置実験では 1 つの水準における実験の繰返しが不可欠である. 通常 3～10 とする.

3) 総実験回数は**水準数×繰返し数**になる. 水準数や繰返し数を増やすことは時間や手間がかかることになるので, 適当な数を決める必要がある.

> 例：ここが実は極めて重要なことで, ここでどう「工夫」するかが「実験計画法の極意」といえます. 例えば現状の加工温度が 500℃であって,「温度を低くすれば材料の強度が高くなりそうだ」という提案があったとすれば, 300℃, 400℃, 500℃など現状と現状より低くした水準で実験をします.「設備の能力から 300℃から 700℃での加工が可能だから, いろいろやってみてその結果を見たい」というような場合は, 300℃, 500℃, 700℃で実験をするなどです. 今回は 300℃, 400℃, 500℃で, それぞれ繰返し 3 回(総実験回数 9 回)の実験を行いました.

4) 有意水準(通常は 5% とするが 1% を使う場合もある)や信頼率を決める.

5) 実験を行ってデータを得る. ここで重要なことは実験の順序である. 原則として, 表 11.1 の例のように繰返しも含めたすべての実験

表 11.1　実験の順序

要因	繰返し(3回)		
水準1	2	5	9
水準2	3	4	8
水準3	1	6	7

をランダムな順序で行う．数字は実験順序を示す．

> 例：同じ加工温度で3回の実験を行って，加工温度を変えて3回の実験を行う，というやり方が効率的であるように思われますが，水準が変わっても繰返しによって生じるばらつきを同じにする必要があるので，すべての実験をランダムな順序で行う必要があります．

(3)　どう調べる

1)　データから総平方和，要因の平方和，誤差の平方和を求める．これまで行ってきた偏差平方和の計算と同様の考え方で行う．

((各データ)－(総平均値))^2 の合計＝総平方和

((各水準の平均値)－(総平均値))^2 の合計＝要因の平方和

(総平方和)－(要因の平方和)＝誤差の平方和

2)　各自由度を求める．

(総実験回数)－1＝総自由度

(水準数)－1＝要因の自由度

(総自由度)－(要因の自由度)＝誤差の自由度

3)　それぞれの平方和と自由度を分散分析表に記入して，以下のように分散と分散比を計算する(図 11.3，表 11.2)．

(平方和)/(自由度)＝分散

(要因の分散)/(誤差の分散)＝分散比

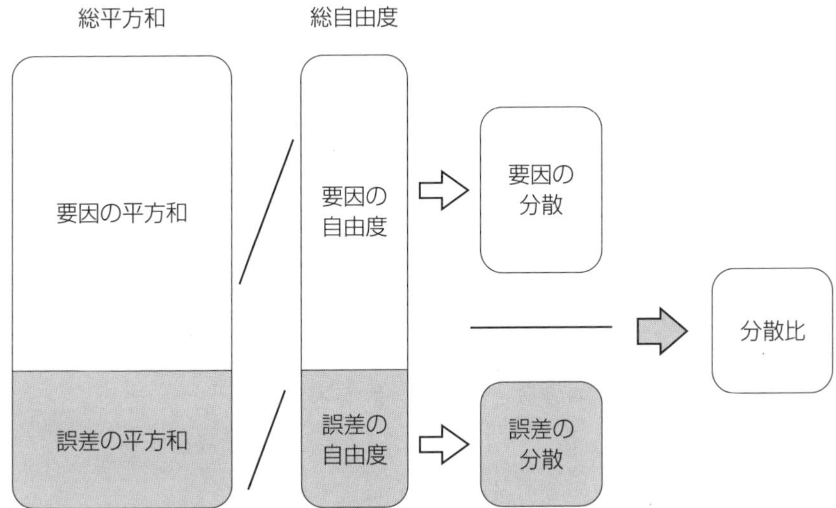

図のように一元配置実験の分散分析は，

- **総平方和**を**要因の平方和**と**誤差の平方和**に分解する．
- **総自由度**を**要因の自由度**と**誤差の自由度**に分解する．
- それぞれの平方和を自由度で割って分散を求める．
- **要因の分散**を**誤差の分散**で割って分散比を求める．

ことをやっている．**分散**(注：分散分析では，煩雑になるので不偏分散を分散と表記する．同じように偏差平方和も平方和とする)の求め方は，いままで何回もやってきた方法と同じで，さらに分散分析における検定は分散比 F を検定のための統計量としていることがわかる．これは，2 つの分散の比の検定と同じものである．

図 11.3　一元配置実験の分散分析の仕組み

表 11.2　分散分析表

要因	平方和	自由度	分散	分散比
要因	**要因の平方和**	**要因の自由度＝水準数－1**	**要因の分散＝** $\frac{\text{要因の平方和}}{\text{要因の自由度}}$	$\frac{\text{要因の分散}}{\text{誤差の分散}}$
誤差	**誤差の平方和＝総平方和－要因の平方和**	**誤差の自由度＝総自由度－要因の自由度**	**誤差の分散＝** $\frac{\text{誤差の平方和}}{\text{誤差の自由度}}$	
計	**総平方和**	**総自由度＝総実験回数－1**		

棄却域：**要因の自由度**，**誤差の自由度**，有意水準から求める F 分布の値

4)　検定のための統計量である F 分布の値について**要因の自由度**，**誤差の自由度**，有意水準から棄却域を求めて，得られた分散比と比較する．

実は**要因の分散**には，**誤差の分散**も入り込んでいる．したがって，要因の効果がなければ，

（要因の分散）/（誤差の分散）＝分散比

は1に近づくことになる．したがって，この分散分析の分散の比による検定は，

帰無仮説：「要因の分散と誤差の分散が等しい」

→「分散比が1である」→「要因の効果がない」

対立仮説：「要因の分散は誤差の分散より大きい」

→「分散比は1より大きい」→「要因の効果がある」

という検定をしている．

要因の検定統計量 F は，

$$\textbf{検定統計量}\ F=\frac{\textbf{（要因の分散）}}{\textbf{（誤差の分散）}}$$

であるので，これの値が F 分布の上側5% 点以上である確率は5% であり，対立仮説は「要因の分散は誤差の分散より大きい」ので，上側5% 点を棄却域にする．

5)　分散比が棄却域に入れば(棄却域の値よりも分散比の値が大きければ)，有意である．要因の効果があると判断する．

6)　最適水準(例えば，最も強度が大きくなる水準)における母平均の推定を行う．**各水準の平均値**が最も大きな水準が最適水準である．

最適水準の母平均の点推定値は**最適水準の平均値**となる．

最適水準の平均値は**繰返し数**と**誤差分散**とで決まる t 分布に従うので，信頼率に応じた t 分布の値を求めて信頼区間を求める．

例：加工温度を 300℃，400℃，500℃としてそれぞれ繰返し 3 回の実験をランダムな順序で行い，得られたサンプルの強度を測定しました．
データから分散分析表(表 11.2)を作成した結果，要因である加工温度は有意となりました．3 つの水準の平均値を比較すると最も強度の高かったのは 400℃でした．

(4)　わかること

1)　取り上げた要因が特性値に影響を及ぼしているかどうか．
2)　最適な水準はどれか．
3)　最適な水準における母平均の推定．

例：加工温度は材料の強度に影響があることがわかりました．現状の加工温度 500℃よりも 400℃のほうが強度が高くなることもわかりました．加工温度 400℃での強度の母平均の点推定値を求め，さらに区間推定を行いました．

11.3　二元配置実験

二元配置実験では，2 つの要因を同時に取り上げて，その効果を判断します．したがって，要因の主効果を 2 つ考えます．さらに，繰返しを行うと 2 つの要因の組合せ効果である交互作用効果の有無も判断できます．2 つの要因の水準を組み合わせた条件，すなわち最も望ましい値が得られる条件での母平均の推定などを行います．

こんな場面で使う

樹脂同士を溶解し圧着することで接着させる工程があり，接着強度を確保したい．

• 接着強度には樹脂の溶解温度と圧着時間の影響があると言われ

ているので，それを実験的に確認したい．
- 溶解温度，圧着時間それぞれ単独の効果と溶解温度と圧着時間の組合せによる効果を知りたい．
- 現状の溶解温度，圧着時間が適当なのか，そうでないなら最適な溶解温度，圧着時間を知りたい．
- 最適な溶解温度，圧着時間における接着強度がどうなるか知りたい．

(1)　調べたいこと

1)　特性値に影響を与えていると考えられる要因を 2 つ取り上げてその効果の有無を判断する．また，交互作用の有無も検討する．

2)　効果があった場合は，最適な水準を組み合わせた条件での母平均の推定も行う．

例：樹脂の接着強度に対する溶解温度，圧着時間とそれらの交互作用の影響を調べたい．さらに，最適な条件とそのときの接着強度の母平均を調べたい．

(2)　まずやること

1)　2 つの要因の水準と水準数をそれぞれ決定する．

2)　繰返し数を決定する．二元配置実験では 1 つの条件での繰返し数は通常 2〜3 でよい．

3)　総実験回数は一元配置実験に比べてさらに多くなる可能性がある．水準数や繰返し数を増やすことは時間や手間がかかることになるので，適当な数を決める必要がある．

> 例：溶解温度を現状の温度を含めた 3 水準，圧着時間を現状の時間を含めた 3 水準に設定し，繰返し 2 回の実験(総実験回数 18 回)を行いました．

4)　有意水準(通常は 5% とする)や信頼率を決める．

5)　実験を行ってデータを得る．

> 例：二元配置実験でも原則として，表 11.3 の例のように繰返しも含めたすべての実験をランダムな順序で行いました．
> □ 内は繰返し(繰返し 2 回)で，数字は実験順序を示します．

(3)　どう調べる

1)　データから総平方和，要因の平方和，誤差の平方和を求める．これまで行ってきた偏差平方和の計算と同様の考え方で行う．

((各データ)－(総平均値))^2 の合計＝総平方和

((要因 A の各水準の平均値)－(総平均値))^2 の合計＝要因 A の平方和

((要因 B の各水準の平均値)－(総平均値))^2 の合計＝要因 B の平方和

((要因 A と要因 B の組合せ各水準の平均値)－(総平均値))^2 の合計
＝要因 AB の平方和

(要因 AB の平方和)－(要因 A の平方和)－(要因 B の平方和)
＝交互作用の平方和

表 11.3　二元配置実験(繰返し 2 回)

【要因 A】＼【要因 B】	水準 1	水準 2	水準 3
水準 1	12　16	3　9	8　15
水準 2	2　10	1　5	7　18
水準 3	13　14	4　6	11　17

(総平方和)−(要因Aの平方和)−(要因Bの平方和)−(交互作用の平方和)
=誤差の平方和

2) 各自由度を求める.

(総実験回数−1)=総自由度

(要因Aの水準数)−1=要因Aの自由度

(要因Bの水準数)−1=要因Bの自由度

(要因Aの自由度)×(要因Bの自由度)=交互作用の自由度

(総自由度)−(要因Aの自由度)−(要因Bの自由度)−(交互作用の自由度)
=誤差の自由度

3) それぞれの平方和と自由度を分散分析表に記入して，以下のように分散と分散比を計算する(図11.4，表11.4).

(平方和)/(自由)度=分散

(要因の分散)/(誤差の分散)=分散比

4) 検定のための統計量である F 分布の値について，**各要因の自由度**，**誤差の自由度**，有意水準から棄却域を求めて，得られた分散比と比較する.

実は**要因Aの分散**，**要因Bの分散**，**交互作用の分散**にはそれぞれ，**誤差の分散**も入り込んでいる．したがって，要因の効果や交互作用の効果がなければ，

(要因Aの分散)/(誤差の分散)=分散比

(要因Bの分散)/(誤差の分散)=分散比

(交互作用の分散)/(誤差の分散)=分散比

はいずれも1に近づくことになる．したがって，この分散分析の分散の比による検定は，

帰無仮説：「各要因の分散と誤差の分散が等しい」
→「分散比が1である」→「要因の効果がない」

対立仮説：「各要因の分散は誤差の分散より大きい」

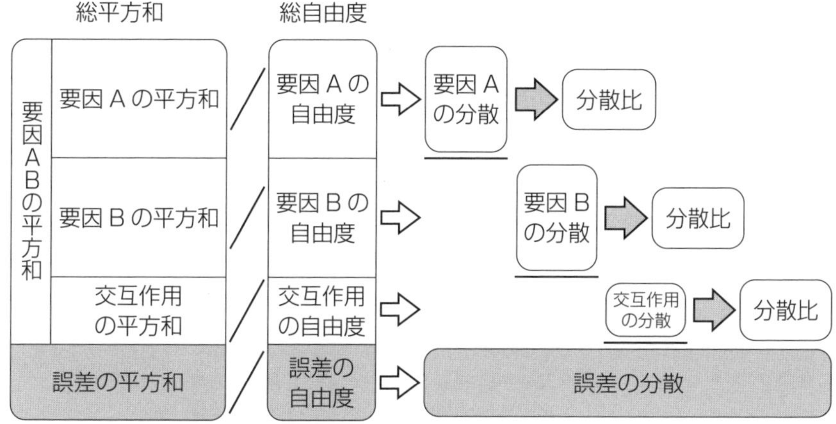

図のように二元配置実験の分散分析は，

- **総平方和**を**要因 A の平方和**と**要因 B の平方和**と**交互作用の平方和**と**誤差の平方和**に分解する．
- **総自由度**を**要因 A の自由度**と**要因 B の自由度**と**交互作用の自由度**と**誤差の自由度**に分解する．
- それぞれの平方和を自由度で割って分散を求める．
- **要因 A の分散**と**要因 B の分散**と**交互作用の分散**をそれぞれ**誤差の分散**で割ってそれぞれの分散比を求める．

ことをやっている．前節の一元配置実験と同様に，分散の求め方は，いままで何回もやってきた方法と同じで，分散分析における検定は分散比 F を検定のための統計量としていることがわかる．これは，2 つの分散の比の検定と同じものである．

図 11.4　二元配置実験の分散分析の仕組み

→「分散比は 1 より大きい」→「要因の効果がある」

という検定をしている．

要因 A の検定統計量 F は，

$$\textbf{検定統計量}\ F=\frac{\textbf{(要因 A の分散)}}{\textbf{(誤差の分散)}}$$

要因 B の検定統計量 F は，

$$\textbf{検定統計量}\ F=\frac{\textbf{(要因 B の分散)}}{\textbf{(誤差の分散)}}$$

表 11.4　分散分析表

要因	平方和	自由度	分散	分散比
要因 A	要因 A の平方和	要因 A の自由度＝ A の水準数－1	要因 A の分散＝ $\dfrac{\text{要因 A の平方和}}{\text{要因 A の自由度}}$	$\dfrac{\text{要因 A の分散}}{\text{誤差の分散}}$
要因 B	要因 B の平方和	要因 B の自由度＝ B の水準数－1	要因 B の分散＝ $\dfrac{\text{要因 B の平方和}}{\text{要因 B の自由度}}$	$\dfrac{\text{要因 B の分散}}{\text{誤差の分散}}$
交互作用	交互作用の平方和	交互作用の自由度＝ 要因 A の自由度 ×要因 B の自由度	交互作用の分散＝ $\dfrac{\text{交互作用の平方和}}{\text{交互作用の自由度}}$	$\dfrac{\text{交互作用の分散}}{\text{誤差の分散}}$
誤差	誤差の平方和＝ 総平方和 －要因 A の平方和 －要因 B の平方和 －交互作用の平方和	誤差の自由度＝総自由度 －要因 A の自由度 －要因 B の自由度 －交互作用の自由度	誤差の分散＝ $\dfrac{\text{誤差の平方和}}{\text{誤差の自由度}}$	
計	総平方和	総自由度＝総実験回数－1		

棄却域：**各要因の自由度**，**誤差の自由度**，有意水準から求める F 分布の値

交互作用のの検定統計量 F は，

$$\text{検定統計量 } F=\frac{（\text{交互作用の分散}）}{（\text{誤差の分散}）}$$

であるので，これらの値が F 分布の上側 5% 点以上である確率は 5% であり，対立仮説は「要因の分散は誤差の分散より大きい」なので，上側 5% 点を棄却域にする．

5)　それぞれの分散比がそれぞれの棄却域に入れば(棄却域の値よりも分散比の値が大きければ)，有意である．交互作用も含めたそれぞれ要因の効果があると判断する．

6)　最適水準(例えば，最も強度が大きくなる水準)における母平均の推定を行う．**要因 A と要因 B の組合せ各水準の平均値**が最も大き

な水準が最適水準である.

最適水準の母平均の点推定値は**最適水準の平均値**となる.

最適水準の平均値は**繰返し数**と**誤差分散**とで決まる t 分布に従うので，信頼率に応じた t 分布の値を求めて信頼区間を求める.

> 例：溶解温度を現状の温度を含めた 3 水準，圧着時間を現状の時間を含めた 3 水準に設定し，繰返し 2 回の実験（総実験回数 18 回）をランダムな順序で行い得られたサンプルの接着強度を測定しました．データから分散分析表を作成した結果，要因である溶解温度と圧着時間さらに交互作用も有意となりました．水準の組合せの平均値を比較して，最も接着強度の高い溶解温度と圧着時間の組合せを決定しました.

(4)　わかること

1)　取り上げた 2 つの要因が特性値に影響を及ぼしているかどうか.

2)　交互作用があるのかどうか.

3)　最適な水準の組合せはどれか.

4)　最適な水準の組合せにおける母平均の推定.

> 例：接着強度には，溶解温度と圧着時間の影響と交互作用の影響があることがわかりました．最も接着強度の高い溶解温度と圧着時間の組合せを見つけることができ，その条件下での接着強度の母平均の点推定値を求め，さらに区間推定を行いました.

第12章

対応する２つの母集団の関係に関する結論を出そう

12.1　相関分析

さて次は，2つの「対応のある」母集団の関係を調べる相関分析です．2つの母集団に関する検定や実験計画法では，複数の母集団の母平均に差があるのかどうかといったことを調べてきました．本章でも2つの母集団を扱うのですが，これまでとは違い2つの母集団は対応しており，その関係を調べることが目的になります．では，対応とはどういうことでしょうか．

例をあげます．ある高校で，国語の成績と英語の成績に関係があるのかどうかを調べたいとします．国語の試験の点数と英語の試験の点数の2つの母集団を考えるわけです．しかし，この2つの母集団の母平均を比べても，「国語の試験の点数と英語の試験の点数の関係」を知ることは難しそうです．

そこで，生徒一人ひとりの国語の試験の点数と英語の試験の点数を，**表12.1**のようにまとめてみます．こうすると，同じ生徒の国語の試験の点数と英語の試験の点数が対になった形になります．このように，一人ひとりの生徒を介して国語の試験の点数と英語の試験の点数が対応しているということを示すことができます．このデータから，国語の試験の点数が高い生徒は英語の試験の点数も高いのか，あるいは国語の試験の点数が高い生徒は英語の試験の点数は低いのか，あるいは国語の試験の点

表12.1　対応のある2組のデータ

生徒	国語の試験の点数 x	英語の試験の点数 y
生徒1	95	100
生徒2	56	63
生徒3	78	85
生徒4	64	48
⋮	⋮	⋮

数と英語の試験の点数には関係がないのか，などを調べることができそうです．このように，対応するデータの関係を調べる統計的方法が「相関分析」です．

誤解されることも多いのですが，相関分析は「統計的な関係」を解析しているのであって，技術的や理論的な因果関係を解析しているのではないのです．

例えば，ある中学校で生徒の体重と同じ数学の試験問題の成績の関係を調べたところ，「体重が重いほど成績がよい」という関係が認められたとします．この結果，「じゃあ，これからは勉強するより，いっぱい食べて体重を増やせば成績が上がる！」と考えました．さてどうなるでしょうか？　おそらく成績は変わらないでしょう．実はこの調査は，１年生から３年生までまとめて行ったのでした．高学年になれば体重も増え，(同じ試験問題ですから)試験成績もよいというだけでしょう．このような，一見もっともらしい相関関係には注意が必要です．

相関分析の成り立ちや基本的な仕組みを以下に示します．

①　対応する２つの母集団の関係である相関関係を調べます．

②　２つの母集団はそれぞれ正規分布に従っているとします．

③　２つの母集団のデータを，x を横軸に y を縦軸とした散布図に表したときに，直線的な関係になっていることが前提です(**図 12.1**)．

④　直線的な関係が認められる場合は「相関がある」といいます．

⑤　直線的な関係には，右肩上がりの直線と右肩下がりの直線の両方があり，前者を「正の相関」，後者を「負の相関」といいます．関係がない場合は「無相関」といいます．

⑥　直線の近くにより多くの点が集まっている状態を「強い相関」，そうでない場合を「弱い相関」といいます．

⑦　相関の正負や強弱を表す指標を相関係数といい，次のように求めることができます．

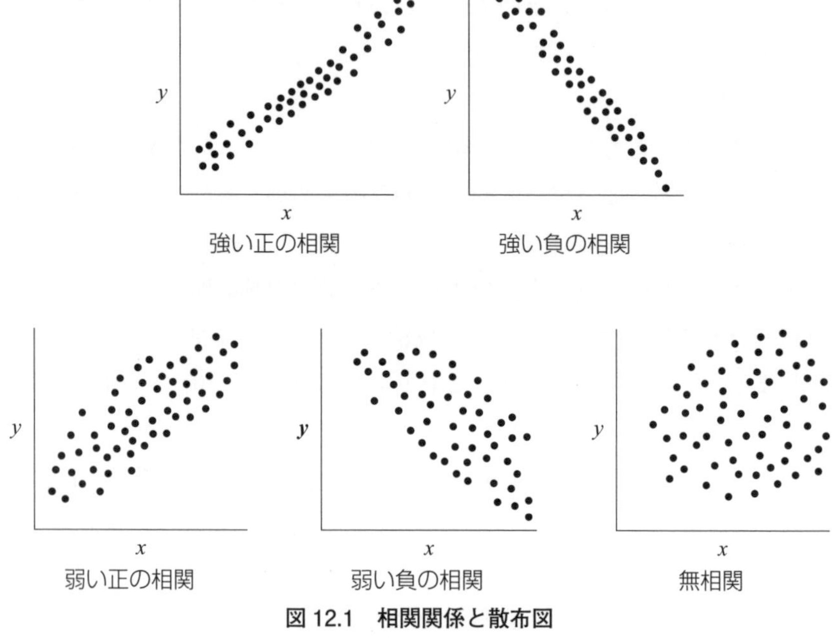

図 12.1　相関関係と散布図

$$\text{相関係数} = \frac{(x\text{と}y\text{の共分散})}{\sqrt{(x\text{の分散})\times(y\text{の分散})}}$$

ここで，x と y の各分散は第 3 章で示したものと同じで，x と y について別々に求めています．また，x と y の共分散は以下です(図 12.2)．

(x の各データ)−(x の平均値)＝ x の偏差

(y の各データ)−(y の平均値)＝ y の偏差

((x の偏差)×(y の偏差))の合計＝ x と y の偏差積和

(x と y の偏差積和)の平均＝ x と y の共分散

相関係数は −1 から +1 の間の値をとり，無相関の場合は 0 になります(図 12.3〜図 12.5)．

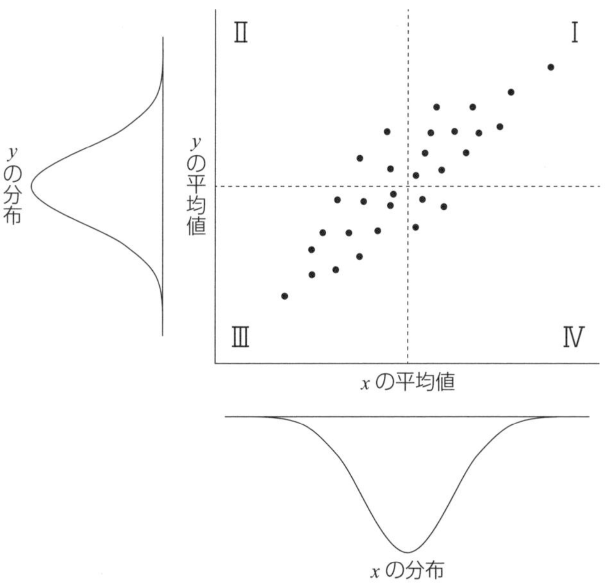

	x の偏差	y の偏差	(x の偏差)×(y の偏差)
Ⅰの領域	正の値	正の値	正の値
Ⅱの領域	負の値	正の値	負の値
Ⅲの領域	負の値	負の値	正の値
Ⅳの領域	正の値	負の値	負の値

散布図を**x の平均値**と**y の平均値**で仕切ると 4 つの領域に分けると，それぞれの領域のデータの偏差と偏差の積は表のようになる．仮にⅠの領域とⅢの領域とに多く点が集まれば，**(x の偏差)×(y の偏差)の合計**は正の大きな値になるので，相関係数も正の大きな値になる．逆にⅡの領域とⅣの領域に多く点が集まれば，**(x の偏差)×(y の偏差)の合計**は負の大きな値になるので，相関係数も負の大きな値になる．

図 12.2　相関係数の仕組み

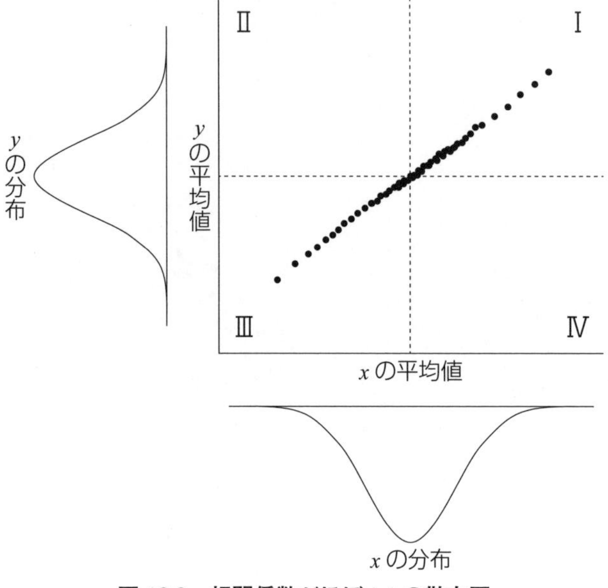

図 12.3　相関係数がほぼ＋1 の散布図

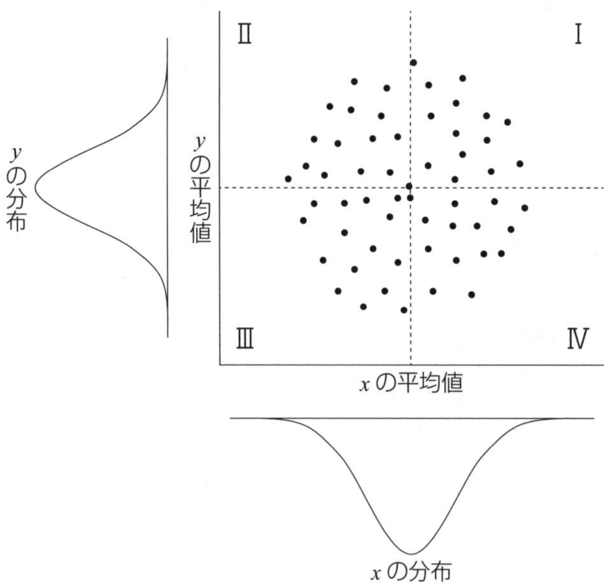

図 12.4　相関係数がほぼ 0 の散布図

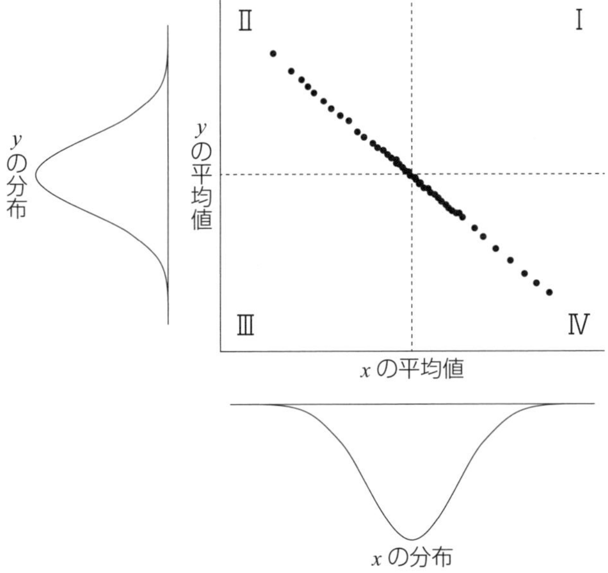

図 12.5　相関係数がほぼ −1 の散布図

12.2　相関分析の解析方法

相関分析について，その解析方法を示します．

こんな場面で使う

秋に収穫される黒大豆を栽培している．収穫量と天候の関係を知りたい．

- 黒大豆の収穫量と夏場の日照時間には関係があるといわれているので，それを確認したい．
- 日照時間が長ければ収穫量が多くなるのかを知りたい．

(1) 調べたいこと

1) 2つの対応のある母集団に関係があるかどうかを調べる.

2) 相関係数によって相関関係の正負や強弱を調べる.

例：黒大豆の収穫量は夏場の日照時間と関係があるかどうか知りたい. 関係があるなら, どれくらいの関係があるか, また今年の夏場の日照時間から収穫量のめども立てたい.

(2) まずやること

1) サンプルを採取してデータを得る. 今までと同様に母集団すべてを調べることはできないので, 対応のあるデータがとれるサンプルを採取する. 先の例でいえば, 生徒がサンプルである. サンプルの数は20～50組は必要である.

2) 得られたxとyのデータを使って「散布図」を作成する. この場合, 例えば日照時間と農作物の収穫量のように原因と結果の関係を調べたい場合には, 原因のデータをxとして横軸に, 結果のデータをyとして縦軸にとる.

3) 散布図は必ず作成すること. その理由は, 散布図で直線的な関係が見られない場合は相関係数を求めても意味のない場合があることと, 散布図だけである程度相関関係の正負や強弱を判断することができることである.

例：夏場の日照時間と, 黒大豆の収穫量のデータを用意します. 今回, それぞれ過去25年間のデータがサンプルとして入手できました.

関係性より, 日照時間を縦軸, 収穫量を横軸として散布図を作成しました.

作成した散布図を見ると, 直線的な関係がありそうだったので, このまま分析を進めることとしました.

(3)　どう調べる

1)　対になったxとyのデータから，試料相関係数を計算する．母集団をすべて調べているのではないので，母平均や母分散のときと同じように真の相関係数を知ることはできない．したがって，サンプルのデータから計算した試料相関係数を使って相関係数を推定したり検定したりする．試料相関係数は統計量である．

$$\text{試料相関係数}=\frac{(x\text{と}y\text{の偏差積和})}{\sqrt{(x\text{の偏差平方和})\times(y\text{の偏差平方和})}}$$

ここで，

(サンプルのデータxの合計)/(サンプルのデータの数)＝xの平均値

(各サンプルのデータx)－(xの平均値)＝xの偏差

(xの偏差)^{2}の合計＝xの偏差平方和

(サンプルのデータyの合計)/(サンプルのデータの数)＝yの平均値

(各サンプルのデータy)－(yの平均値)＝yの偏差

(yの偏差)^{2}の合計＝yの偏差平方和

((xの偏差)×(yの偏差))の合計＝xとyの偏差積和

である．

2)　求めた試料相関係数は相関係数(これは母数なので，**母相関係数**ともいう)の点推定値である．

3)　相関係数の検定もできる．このときの帰無仮説は「相関係数は0である」なので，「無相関の検定」ともいう．試料相関係数は，**統計量**と**サンプルの数**で決まるt分布に従うので，検定のための統計量であるt分布の値を求めて棄却域と比較して仮説の正誤を判断する．

> 例：分析の結果，夏場の日照時間と黒大豆の収穫量には，正の相関関係があることがわかりました．

(4) わかること

2つの対応のある母集団に関係があるかどうかについて，散布図と試料相関係数から，直線的な関係があるかどうか，それは正の相関か負の相関か，またその強弱についても判断できる．

例：夏場の日照時間が長い年は，黒大豆の収穫量が多いことがわかりました．

何度も繰り返し説明してきたことですが，相関分析においても，「(3) どう調べる」での面倒な手順や計算は統計ソフトを使えばよく，「(1) 調べたいこと」，「(2) まずやること」，「(4) わかること」について十分理解をして解析を行うことが重要です．

第 13 章
原因を連続的に動かしたことによる母平均の変化に関する結論を出そう

13.1 回帰分析

さて，**第12章**ではxとyのような対になった対応のあるデータの2つの母集団の関係を見たわけですが，xが原因でyが結果である場合，原因のデータが変化したときに結果のデータがどう変わるのかに興味が湧くのは当然です．このような場面で使われる統計的方法が回帰分析です．

回帰分析では結果を表すものを目的変数，原因を表すものを説明変数と呼びます．回帰分析は，説明変数の値の違いによって目的変数がどう変化するのかを見ること，また説明変数によって目的変数をコントロールしたり予測したりすることをねらいとしています．

目的変数は1つに限られますが，説明変数は複数でもかまいません．説明変数が1つである場合を単回帰分析，2つ以上の場合を重回帰分析といいます．

例をあげます．新規の材料を開発しています．強度が重要な特性ですので，これに影響を及ぼす添加剤の量を検討することになりました．添加剤の量を変化させたサンプルを作成してその強度を測定して**表13.1**のデータを得ました．この場合は，添加剤の量が説明変数x，材料の強度が目的変数yになります．

表13.1　説明変数xと目的変数y

サンプル	添加剤の量x	材料の強度y
1	0.10	50
2	0.25	80
3	0.12	62
4	0.26	78
5	0.31	90
6	0.41	110
⋮	⋮	⋮

一見，相関分析のデータと同じに見えますが，相関分析では x と y の両方が正規分布に従っていると考えたのに対して，回帰分析では，説明変数の値を指定して目的変数を得ています．すなわち，添加剤の量がある値のときの材料の強度を測定しているということです，説明変数は正規分布に従っている必要はありません．**図 13.1** に示すように説明変数が特定の値であるとき，目的変数は正規分布に従ってばらついていると考えます．

回帰分析の成り立ちや基本的な仕組みを以下に示します．

① 指定した説明変数ごとに目的変数の母集団を考えて，この母集団の母平均が直線的な関係にあると考えます．

② 説明変数の値によって目的変数の母平均が変化するかを調べます．

③ 目的変数と説明変数の関係を表す式を「回帰式」といい，実際には回帰式を得て，それを推定することが目的となります．

④ 回帰式は「定数項」と「回帰係数」を求めることで得られます．

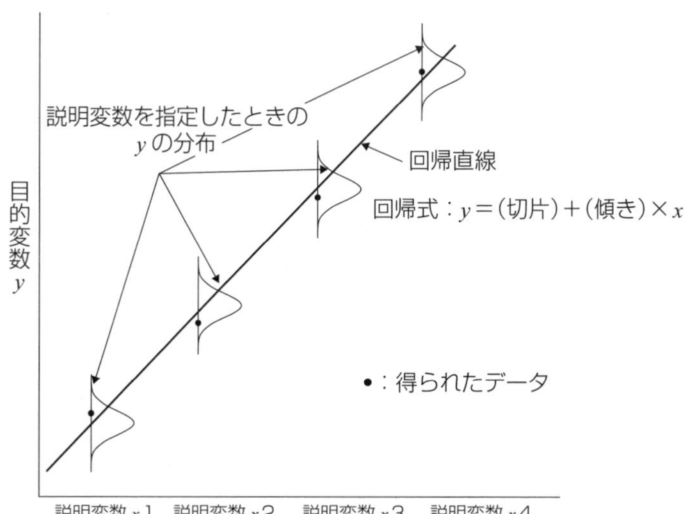

図 13.1　単回帰分析の仕組み

⑤　単回帰分析の場合は，回帰係数は1つで，直線の傾きであり，定数項は直線の切片になるので，これらを求めれば回帰式が推定できます．ここで，得られた直線を「回帰直線」といいます．

⑥　回帰係数は「最小二乗法」によって求める(**図 13.2**).

⑦　目的変数の「総変動(これはyの偏差平方和である)」を「回帰による変動」と「回帰からの変動(残差という)」に分けて，回帰による変動が有意であるかどうかの検定を，分散分析を使って行います．

⑧　目的変数の総変動のうち，回帰による変動の割合を「寄与率」といいます．

⑨　回帰分析では，「残差(得られた打点と回帰直線との差)」の検討も重要です．残差のヒストグラム，折れ線グラフ，説明変数との散布

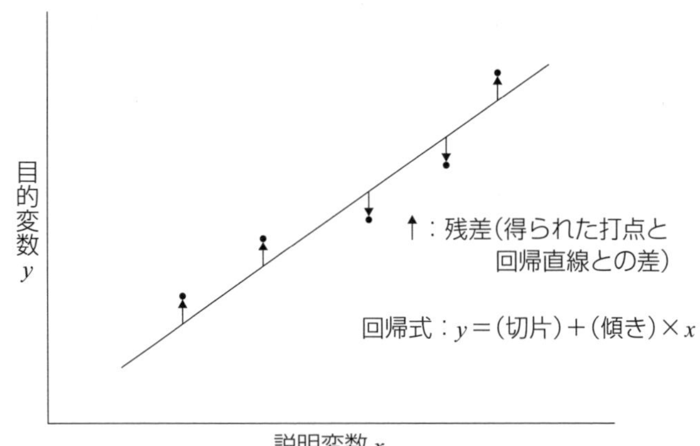

すべての打点が回帰直線に近くなるように引けばよい．このため得られたデータの打点と求める回帰直線との差である残差を考える．しかし，残差は正の値も負の値もとる(上図の残差の矢印に，上向きと下向きがあることからわかるが，考え方は偏差と同じである)ので，残差の合計や平均を求めても意味がない．そこで，残差を二乗する(これも，今まで何度も出てきた偏差の二乗と同じ考え方)．すべての点の残差の二乗の合計である**残差平方和**が最も小さくなるような直線を表す回帰式を求める．これが最小二乗法である．

図 13.2　最小二乗法の考え方

図を作成して，残差の検討を行うことで，説明変数の変更や追加などを行います．

実際の回帰分析の解析，特に重回帰分析は手計算で行うことはほぼ不可能です．単回帰分析では，仕組みを知るために一度は手計算で行うことには意味がありますが，以後は統計ソフトを使えばいいのです．重要なことは，回帰分析の仕組みをよく理解したうえで，実験などの計画がきちんとできる，解析結果をよく吟味して次の調査計画などのアクションにつなげることです．

13.2　単回帰分析

単回帰分析について，その解析方法を示します．

こんな場面で使う

特殊な高強度樹脂を開発している．高強度化に有効な添加剤が見つかった．

- 添加剤の量と樹脂の強度の関係を知りたい．
- 添加剤の量をある値にしたときの樹脂の強度を知りたい．
- 希望の樹脂の強度を得るための添加剤の量を知りたい．

(1)　調べたいこと

1)　説明変数によって目的変数が直線的に変化するかどうかを調べる．

2)　説明変数の値によって目的変数をコントロールしたり予測したりするために回帰直線の回帰式を推定する．

3)　回帰式が妥当であるかどうかを調べる．

> 例：添加剤の量を増減することで，樹脂の強度が直線的に変化するかどうかを調べたい．
> 直線的な関係があれば，添加剤の量と樹脂の強度の関係式を求めたい．
> 得られた関係式を使って，添加剤の量から樹脂の強度を推定したい．
> 目的の樹脂の強度を得るための添加剤の量を知りたい．

(2) まずやること

1) 説明変数 x の値をいろいろ変えてサンプルを作成して，目的変数 y のデータを得る．サンプルの数は20組以上必要である．
2) 得られた x と y のデータを使って「散布図」を作成する．この場合，説明変数 x を横軸に，目的変数 y を縦軸にとる．
3) 相関分析と同様に散布図は必ず作成すること．その理由は，作成した散布図で直線的な関係が見られない場合，回帰分析を進めても意味のない場合があることである．

> 例:添加剤の量を変えた樹脂サンプルを試作してその強度を測定しました.そして，得られたデータから散布図を作成しました．散布図からは直線的な関係（図13.2）がうかがえます．

(3) どう調べる

1) 対になった x と y のデータから，回帰式の切片と傾きを計算する．回帰係数の推定は最小二乗法を用いるが，単回帰分析の場合は以下のように比較的容易に求めることができる．

$$\text{傾き} = \frac{(x\text{と}y\text{の偏差積和})}{(x\text{の偏差平方和})}$$

ここで，

(サンプルのデータ x の合計)/(サンプルのデータの数)＝x の平均値

(各サンプルのデータ x)－(x の平均値)＝x の偏差

(x の偏差)^2 の合計＝x の偏差平方和

(サンプルのデータ y の合計)/(サンプルのデータの数)＝y の平均値

(各サンプルのデータ y)－(y の平均値)＝y の偏差

(y の偏差)^2 の合計＝y の偏差平方和

((x の偏差)×(y の偏差))の合計＝x と y の偏差積和

また，

切片＝(y の平均値)－(傾き)×(x の平均値)

である．したがって，回帰式は，

y＝(切片)＋(傾き)×x

となる．

2)　散布図に得られた回帰式を記入する．

3)　分散分析による回帰の評価を行う．

データから y の総平方和，回帰による平方和，残差の平方和を求める．

(y の偏差平方和)＝総平方和

((x と y の偏差積和)^2)/(x の偏差平方和)＝回帰による平方和

(総平方和)－(回帰による平方和)＝残差の平方和

4)　各自由度を求める．

(総実験回数)－1＝総自由度

(回帰の自由度)＝1

(説明変数の数によって変わるが，単回帰分析の場合は 1)

(総自由度)－1＝残差の自由度

5)　それぞれの平方和と自由度を分散分析表に記入して，以下のように分散と分散比を計算する(**図 13.3**，**表 13.2**)．

(平方和)/(自由度)＝分散

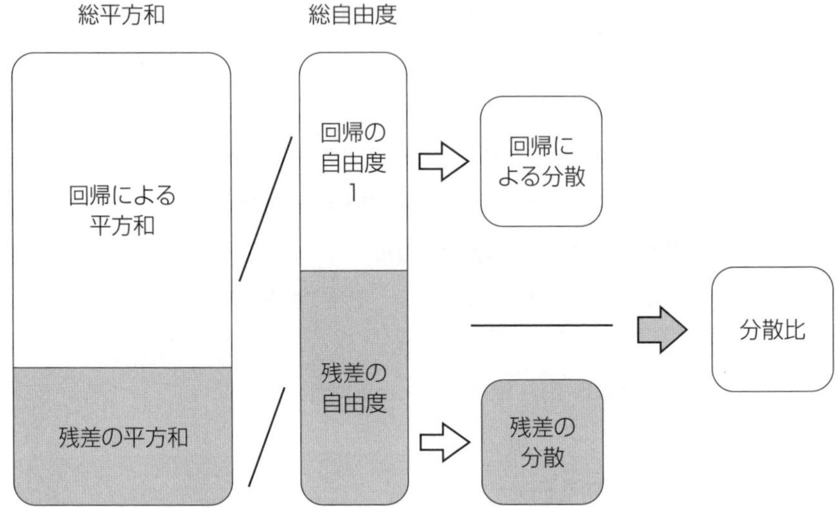

図のように，単回帰分析の分散分析は，

- **総平方和**を**回帰による平方和**と**残差平方和**に分解する．
- **総自由度**を**回帰の自由度**と**残差の自由度**に分解する．
- それぞれの平方和を自由度で割って分散を求める．
- **回帰による分散**を**残差の分散**で割って分散比を求める．

ことをやっている．**分散**(注：分散分析では，煩雑になるので不偏分散を分散と表記している．同じように偏差平方和も平方和としている)の求め方は，いままで何回もやってきた方法と同じである．さらに分散分析における検定は，分散比 F を検定のための統計量としている．これは，**第 9 章**の 2 つの分散の比の検定と同じものである．

図 13.3　単回帰分析の分散分析の仕組み

(回帰による分散)/(残差の分散)＝分散比

6)　検定のための統計量である F 分布の値について，**回帰の自由度**，**残差の自由度**，有意水準から棄却域を求めて，得られた分散比と比較する．

実は回帰による分散には，残差の分散も入り込んでいる．したがって，回帰の意味がなければ，

(回帰による分散)/(残差の分散)＝分散比

表 13.2　分散分析表

要因	平方和	自由度	分散	分散比
回帰	回帰による平方和	1	回帰の分散＝回帰による平方和	回帰の分散／残差の分散
残差	残差の平方和＝総平方和－回帰による平方和	残差の自由度＝総自由度－1	残差の分散＝残差の平方和／残差の自由度	
計	総平方和	総自由度＝サンプルの数－1		

棄却域：回帰の自由度，残差の自由度，有意水準から求める F 分布の値

は 1 に近づくことになる．したがって，この分散分析の分散の比による検定は，

帰無仮説：「回帰による分散と残差の分散が等しい」

→「分散比が 1 である」→「回帰の意味がない」

対立仮説：「回帰による分散は残差の分散より大きい」

→「分散比は 1 より大きい」→「回帰の意味がある」

という検定をしている(図 13.3)．

回帰の**検定統計量 F** は，

$$\text{検定統計量 } F=\frac{(\text{回帰による分散})}{(\text{残差の分散})}$$

であるので，これの値が F 分布の上側 5% 点以上である確率は 5% であり，対立仮説は「回帰による分散は残差の分散より大きい」ので，上側 5% 点を棄却域にする．

7)　寄与率を求める．寄与率は以下のように求めることができ，目的変数の総変動のうち回帰によって説明できる変動の割合を示すものである．回帰分析の妥当性の一つの基準となる．

(回帰による平方和)/(総平方和)＝寄与率

8）　残差の検討のため，散布図でのデータの回帰直線への当てはまり具合や，残差のヒストグラム，データをとった順に整理した折れ線グラフなどを作成して，説明変数の見直しや追加などを検討する．

例：回帰分析の結果，添加剤の量と材料の強度の関係は直線の式で説明できます．

(4)　わかること

1）　説明変数と目的変数の関係を表す回帰式を求められた．この式を使って説明変数によって目的変数をコントロールしたり予測したりすることができる．

2）　ただし，求めた回帰式が妥当であるかについては，十分注意が必要である．分散分析の結果や寄与率の値は重要であるが，さらに，重要なことは散布図における回帰式の当てはまり具合や残差の検討である．使える回帰式であるかどうかはここにかかっている．

例：添加剤の量と材料の強度の回帰式が得られました．これを使って，添加剤の量を変えていった際の材料の強度が推定できます．

回帰分析においても，「(3)　どう調べる」の面倒な手順や計算はパソコンとソフトを使えばいいのですが，「(1)　調べたいこと」，「(2)　まずやること」，「(4)　わかること」について十分理解をして解析を行うことが重要です．

少し補足をして注意喚起しておきます．**図 13.4** は有名なアンスコムのデータと呼ばれるものですが，この 4 つの散布図に描かれた回帰直線の回帰式はほぼ同じものです．寄与率もほぼ同じです．しかし，それぞれの散布図の打点の様子は大きく異なります．妥当な回帰式は左上のもの

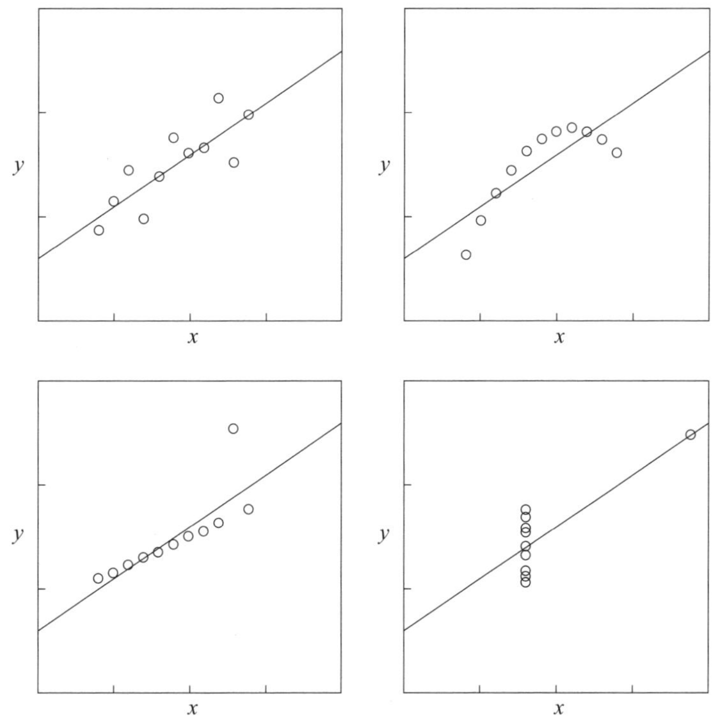

出典）Anscombe, F. J.: "Graphsin Statistical Analysis", *American Statistician*, Vol.27, No.1,1973.

図 13.4　アンスコムのデータによる回帰式

だけで，他の 3 つの式は目的変数の変化を説明しているとは到底いえません．アンスコムのデータは極端な例ですが，これに近い状況が起こらないという保証はありません．散布図の観察や残差の検討の重要性が理解できます．

くれぐれも「怪奇式」をおつくりにならないように．

最後に，皆様の今後のますますのご活躍を心から祈念します．また，どこかで…….

理解度テスト

最後に理解度テストをします．○×で回答してください．

【問題】

① われわれは混沌とした世界に住んでいる．したがって，すべての人に統計の素養が必要である．

② われわれの知りたいことをデータの集まりである母集団と考える．しかし，一般に母集団のすべてを調べることはできない．

③ 母集団の中はばらついている．母集団を知るということは，母集団の中心とばらつきを推測することである．

④ 母集団を推測するためには，母集団を正しく代表するサンプルを採る必要がある．この場合母集団のすべてが同じ確率でサンプルとなるように心掛けねばならない．

⑤ 統計的方法を適用するために，サンプルのデータから求めたものを統計量という．

⑥ 統計的検定，推定では，必ず検定を行ってから推定を行う．

⑦ 推定における信頼区間は，データの数が多くなれば広くなる．

⑧ 検定では，期待することを対立仮説とする．

⑨ 検定では，対立仮説と有意水準によって棄却域が異なる．

⑩ 管理図は，時間の経過とともに変化する母集団の違いを検定しており，検定の有意水準は1%である．

⑪ 実験計画法は，要因の効果による母平均の違いを検定している．

⑫ 相関分析では，対応のある2つの母集団の関係を調べているが，それぞれの母集団は正規分布に従っているとしている．

⑬ 回帰分析は，回帰式を求めることが目的であるので，求めた回帰式を散布図に記入することは意味がない．

引用・参考文献

竹士伊知郎：『学びたい 知っておきたい　統計的方法』，日科技連出版社，2018 年.

【理解度テストの解答】

それぞれの解説は，(　)内のページを参照してください．

① ○ (第 1 章 8 ページ，第 2 章 12 ページ)

② ○ (第 1 章 8 ページ，第 2 章 12 ページ，第 6 章 35 ページ)

③ ○ (第 3 章 16 ページ，第 6 章 34 ページ)

④ ○ (第 6 章 36 ページ)

⑤ ○ (第 7 章 40 ページ)

⑥ × (第 8 章 54 ページ)

⑦ × (第 8 章 56 ページ)

⑧ ○ (第 8 章 58 ページ)

⑨ ○ (第 8 章 60 ページ)

⑩ × (第 10 章 97 ページ)

⑪ ○ (第 11 章 106 ページ)

⑫ ○ (第 12 章 125 ページ)

⑬ × (第 13 章 136 ページ，140 ページ)

索　引

【た行】

【な行】

【は行】

【ま行】

【や行】

【ら行】

著者紹介

竹士 伊知郎（ちくし いちろう）

1979年　京都大学工学部卒業，㈱中山製鋼所入社．
　　　　金沢大学大学院自然科学研究科博士後期課程修了，博士(工学)．

現　在　QMビューローちくし 代表，関西大学化学生命工学部 非常勤講師，(一財)日本科学技術連盟 嘱託．

日本科学技術連盟等の団体，大学，企業において，品質管理・統計分野の講義，指導，コンサルティングを行っている．

主な品質管理・統計分野の著書に，『学びたい 知っておきたい 統計的方法』(単著，日科技連出版社)，『QC検定受検テキストシリーズ』，『QC検定対応問題・解説集シリーズ』，『QC検定模擬問題集シリーズ』，『速効！ QC検定シリーズ』，『TQMの基本と進め方』(いずれも共著，日科技連出版社)がある．

ことばの式でわかる統計的方法の極意

2022年4月27日　第1刷発行

著　者　竹士　伊知郎
発行人　戸羽　節文

発行所　株式会社 日科技連出版社
〒151-0051　東京都渋谷区千駄ケ谷5-15-5
DSビル
電　話　出版　03-5379-1244
　　　　営業　03-5379-1238

検印
省略

Printed in Japan

印刷・製本　壮光舎印刷

ISBN 978-4-8171-9757-3

URL https://www.juse-p.co.jp/